哺餵母乳大小事

愛哺乳

蕭如芳
台灣母乳協會第六屆理事長
IBLCE 國際認證泌乳顧問考試委員會委員
IBCLC 國際認證泌乳顧問 ◎著

新手父母

SECTION 1 愛的開始：產前的哺乳準備

SECTION 2 寶寶出生了：照顧新生兒・新手媽媽的哺乳

SECTION 3 寶寶滿月後：奶量的建立・媽媽心態的調整

SECTION 4 哺育母乳・乳汁的儲存及運用

哺乳常見的各種疑問・解決方法

輔助母乳哺育的用品

哺乳小疑問

TIPS

| 推薦序 1 |

學習哺餵母乳的極佳工具書

文／高宜伶　台灣母乳協會秘書長

台灣母乳協會是母乳媽媽們自發成立的非營利組織，2003 年成立以來，努力透過母親間的支持，母乳資訊的傳遞，哺育政策的推動來幫助有意願哺乳的母親順利哺餵母乳。

認識如芳之初，她是個從澳洲搬回台灣的年輕母親，努力在不同育兒文化間尋求平衡，也努力在哺乳與家庭之間實現自我。如芳總是樂於分享也持續學習，我們曾經一起把澳洲母乳協會的母乳資訊翻譯成中文，也透過支持團體和研討會淬煉自己。如果說台灣母乳協會是台灣母乳環境的撒種者之一，那如芳就是發芽而後成熟的果子，並且持續播種幫助更多家庭。

從聚會帶領人到台灣第一個非醫護背景的 IBCLC 到台灣母乳協會理事長；如芳多年來協助母親哺乳的經驗，與好學、樂於分享的特質呈現在《愛哺乳》這本書內，哺乳對嬰兒和母親甚至父親來說都是非常重要，但不太容易的歷程。

寶寶出生後就是密集哺乳的開始，透過頻繁的肌膚接觸與吸吮，讓寶寶小小的胃飽足，寶寶的肌膚因為與媽媽把拔溫暖的接觸而身心放鬆，喜悅與疲憊交雜；驚奇與擔心交錯，即便哺乳歷程不順，請善用書中提及的支持網絡——哺乳友善醫師、泌乳顧問、參加台灣母乳協會母乳支持團體和善用協會討論區！

也要記得，哺乳不需要是全有全無的零和遊戲，有一定比沒有好，多餵一滴是一滴，多一餐是一餐，每一口都有價值。《愛哺乳》除了是很好的哺乳工具書，也是強化親職內在力量的好書。

| **推薦序 2** |

最貼近臨床經驗的母乳哺育參考書

文／陳安儀 親職專欄作家
「台灣母乳協會」共同發起人兼第一、二屆副理事長
資深媒體人

十八年前生育老大時，台灣的母乳哺育風氣尚不普遍，哺乳環境亦不友善。我剖腹產完回家想要親自哺乳，竟遭遇重重困難：先是乳頭破皮、親餵不順利；接下來又脹奶疼痛、不懂如何處理。

好不容易漸入佳境，產假結束後卻要回到採訪崗位；面對工作中如何哺乳？又是一頭霧水。而且，我上班之後，女兒一開始抗拒婆婆用奶瓶哺餵母乳，令我手足無措，不知道該如何是好。當時，翻遍書店，只能在少數育嬰的書籍中找到一點點附屬的哺乳資料，完全無法解決我的問題。

還記得我一度看著女兒飢餓的小嘴大哭，痛恨自己讀了那麼多年書，竟然連一件自古以來天經地義、舉凡健康母親都能做到的事情都做不好！幸好，當時已有網路，在國際母乳會的志工、國外網路資訊的幫忙之下，我終於成功的一面工作、一面餵哺兩個寶貝至自然離乳。於是，為了回饋社會，也因為不希望其他媽媽跟我一樣吃足苦頭，我帶領一群網路媽媽共同創立了「台灣母乳協會」，擔任了近七年的志工，也就是在協會之中，我認識了如芳。

如芳沒有醫護背景，但在協助媽媽哺乳這條路上，她比半路出家、自學讀資料的其他人專業不知凡幾！在推廣母乳這條漫長的道路上，當初的志工，很多都因為孩子逐漸長大，漸漸的從「母乳圈」畢業了，然而她卻一路走來，兢兢業業，不但通過了國際認證泌乳顧問的考試，成為專業的 IBCLC 國際認證泌乳顧問，成為專業的哺乳諮詢師，更在

母乳圈中繼續努力，成為新手媽媽最大的依靠。

這麼多年來，我一直很希望看到在第一線協助新手媽媽的她出書。試想，還有誰能夠比她有更多的臨床經驗、實際輔導過無數的新手媽媽，最知道新手媽媽需要的哺乳知識與協助呢？

這是一本所有懷孕媽媽都應該必備的一本床頭書。想要成功、愉快、自在的哺乳，《愛哺乳》絕對是你的第一選擇！

| 推薦序 3 |

陪伴母親、寶寶，享受哺乳時光

文／陳昭惠　臺中榮民總醫院教學部師資培育科科主任
台灣母乳哺育聯合學會榮譽理事長

母乳哺育是最自然的一件事情，但這不一定是件容易的事情，是一個需要母親、寶寶以及家人學習不斷嘗試以及磨合的過程。

十年前，如芳和我一起通過考試成為國際認證泌乳顧問，並持續陪伴母親及家庭在母乳哺育這一條路上。而今她將多年的實務經驗撰寫成書，讓我們又多了一本在餵養嬰幼兒過程中可以參考的書籍。

每個母親、寶寶及家庭的狀況不同，在清楚地瞭解相關知識，尋求合適的協助之下，做出最適合自己家庭的餵食決定。相信這一本書可以陪伴母親及寶寶，好好享受這一段時光。

| 推薦序 4 |

育兒家庭不可或缺的好書，讓母親享受到哺乳的好處

文／楊靖瑩　青年診所醫師暨楊靖瑩哺乳諮詢中心院長

世界衛生組織建議，寶寶出生後的前六個月，完全哺餵母乳。六個月之後開始慢慢添加適當的固體食物，繼續哺餵母乳至兩歲或兩歲以上。因為有愈來愈多的文獻證實，母乳的營養成分不僅符合人類嬰兒生長發育的需求，更含有豐富的活性物質，例如寡糖、益生菌、酵素、生長因子等，能夠促進嬰兒的腦部、腸道與免疫系統的發展，減少得到許多疾病的風險，如中耳炎、嚴重肺炎、糖尿病、白血病等，這些健康效益甚至延續到成年以後。

母乳的成分會隨著嬰兒的年紀、母親與嬰兒的身體狀況而變動，也就是說，每個媽媽的奶水成分會因自己寶寶的需求而隨時調整，可以說是為自己的嬰兒所製造的獨一無二的產品。

將嬰兒輕輕懷抱在胸前吸乳，嬰兒與母親之間的情感連結更緊密。母親因為哺乳得以減少得到乳癌、卵巢癌的機率，製造奶水所消耗的熱量也讓母親更容易回到產前的體重。親餵母乳，不需耗費地球資源製造奶粉，母親也不再需要勞心勞力的擠奶與清潔消毒餵奶器具，是最環保的嬰兒餵食方式。

近年來我國在政府與民間的努力推廣下，母乳哺育率已有明顯提升，但是仍有不少母親在哺乳時遇到挫折，常見的情況包括嬰兒因含乳不佳造成母親的乳頭受傷與疼痛、奶水不足和乳腺炎等等，專業的國際認證泌乳顧問（IBCLC）能夠協助與陪伴母親度過這些艱難時刻。

2007 年台灣終於有了第一批的國際認證泌乳顧問，如芳即是其中一員。她本人不僅是哺乳三個男孩的媽媽，多年來，她在台灣南部服務無數哺乳家庭，開設哺乳課程，擔任台灣母乳協會理事長，全心全意推廣哺乳的努力與熱忱十分令人感佩。

很開心知道如芳將她多年來協助母親哺乳的經驗和最新的哺乳知識與技巧集結成書，從產前的準備、嬰兒出生後的照顧、如何建立奶量、常見的哺乳問題、職場媽媽如何哺乳等等，內容深入淺出並且豐富完整，是每個育兒家庭不可或缺的好書，也是有志推廣母乳哺育的工作人員最好的參考書，相信藉由本書，將有更多的家庭能夠享受到哺乳的好處，讓我們的下一代更健康。

| 推薦序 5 |

圖文並茂的母乳參考書

文／譚志青　國際認證泌乳顧問考試委員會澳門地區聯絡人
澳門母乳及育兒推廣協會會長

小孩是上天賜給每對夫婦的禮物，而母乳就是上天為媽媽預備好給寶寶的禮物。國際研究及工商管理出身的我，懂得如何將一件產品包裝，但怎讓顧客產生購買慾，有時也要費一番功夫。然而，有些商品就是有麝自然香，母乳對我來說就是這種黃金產品。當父母明白箇中好處，且能夠得到正確的知識及操作方法，那麼母乳哺餵這條道路便會平坦一些。

母乳哺育本來應該是媽媽從上一代學到的技能，但隨著社會形態的改變，不知不覺地，好像有失傳的現象。因為配方奶的盛行，失傳的情形更甚！當自己懷孕時，也因為兩位好朋友的宣導，事先做了很多功課，以為哺餵母乳很容易，但實際操做時才發現，並不簡單。克服了重重困難後，我開始希望能幫助網上及身邊的媽媽成功餵哺母乳。

除參考外國的文獻外，還會參閱一些亞太地區的資料，這就不能不提及台灣對母乳哺餵的重視。早於 2010 年台灣已立法保障，媽媽在公眾場所哺餵母乳的權利，並有完整的配套讓媽媽外出時能方便及安心哺乳。當中要感謝各個推動母乳哺育團體的努力，而台灣母乳協會更是其中極賣力的一群。

如芳過去十年透過協會、自己的諮詢服務、互聯和社交網站，幫助了許多困惑的父母，不論是緩解產前的憂慮、產後哺乳乃至產後新生兒的照顧、睡眠及離乳等。除了照護嬰兒的父母及家人，如芳亦不忘提攜後輩，在台灣母乳的推動具有極大貢獻。

在機緣巧合之下，於 2013 年邀請如芳來訪澳門參加活動！還記得她頓時成為澳門傳媒訪問的焦點，果然是位有麝自然香的貴賓！很榮幸地為如芳的新書撰寫推薦序，我再次感受到當日的興奮（估計如芳仍然未知道我和她初次見面的感受）！當時我已正在進修國際認證泌乳顧問的課程，在會面時發現如芳原來非醫療背景，她的成功為我打了一劑強心針。如芳時常給我很多的啟發和鼓勵，我也想藉此衷心感謝她和台灣母乳協會給我和所屬的社團無私的支持。

在成為國際認證顧問考試委員會澳門地區聯絡人後，和如芳的聯絡變得更緊密，有更多的機會去了解她母乳哺育和自然育兒的理念，培育有志的新泌乳顧問和推廣專業的想法，以及提高亞洲國際認證泌乳顧問的地位和聲音的熱誠。

非常開心見到如芳將多年寶貴的母乳諮詢經驗和心得撰寫成《愛哺乳》一書。這本書的特點是除了幫助媽媽外，也貼心提醒爸爸如何協助，相信爸爸讀完後，也不用太太再叮嚀了！很多哺乳書籍都只有文字，但《愛哺乳》有照片可供參考。寶寶的祖父母或照顧者也可以透過這本書，了解產婦的心情及協助產婦哺乳。各位讀者不須我多唇舌，該知道怎樣做了吧！

| 自序 |

讓母乳愛上哺乳、享受哺乳

哺餵母乳是母親長久的回憶，有些很甜、有些很痛。甜的時候母親開心的與孩子享受溫馨的時光，但並不是所有母親的哺乳經驗都是完美的，在考取 IBCLC 國際認證泌乳顧問這十年來，看到好多不同種類的哺乳問題，而哺乳的問題並不單純的只是哺乳的問題，它象徵著一個家庭的狀況及社會的態度。

很多時候當一位母親哭訴著自己哺乳狀況時，認真聆聽仔細探討後會發現，這並不單純是解決哺乳問題就能解決的事。媽媽與寶寶的依附關係從生產方式、產檯肌膚接觸、產後儘早哺乳、親子不分離的照護方式等，一層一層的影響著母親與寶寶的關係，進階影響著哺乳的關係。

媽媽與自己母親的關係也影響著媽媽與寶寶的關係。我們常常在解決哺乳的問題，但哺乳的問題不單純只是乳房腫脹、乳腺阻塞、乳腺炎，它包含了親子依附關係、家庭的支持，是一個家庭的成長而不是生出一個小孩這麼單純。

哺乳並不簡單，即使是有經驗的母親也會有接受挑戰的感覺，遇到問題時尋求專業的協助加上母親哺餵母乳的毅力，哺乳會漸入佳境且母親會愛上這種感覺。協助哺乳不能只是協助兩顆乳房，如果把乳房跟寶寶分開處理，媽媽與寶寶不但不能享受餵母乳獨有的親密關係，還可能會陷入擠奶的困境。

每位母親與寶寶都有自己獨特的哺乳故事，感謝所有與我對談過的媽媽們，因為你們的經驗造就了這本書的呈現。希望透過這本書，讓孕媽咪們能夠理解母嬰不分離的重要性與哺乳的過程及遇到困難時解決的方法，讓所有母親在哺餵母乳的過程都能夠達到 「愛哺」，愛上哺乳的過程、享受哺乳的感受。

蕭如芳

愛的開始
產前的哺乳準備

關於生孩子，有些人在不小心的狀況意外中獎，有些人小心計劃及規劃著自己的生活，有些人很想要但卻要經過一番努力後才得到，自己會列入哪個系列其實很難預測，愛在不小心的情況下開始或是在規劃中到來都會對人生產生很大的影響及變化。

你們準備好當爸媽了嗎？

從懷孕的那一刻起，你們就已經升格為爸媽，不管孕期是否遇到什麼狀況，這過程已在你們記憶中開啟了一扇門且對你們有一輩子的影響。有一句關於生孩子的話，是百分之一百正確的，那就是「你們的生活將天翻地覆」。

妳準備好當媽媽了嗎？

母職是個很神聖的工作，在一個家庭裡，母親的傳統角色是以撫養孩子和承擔家務為主，做一個好妻子、好媳婦、好母親的角色。但現今的社會對母親的角色有了更多元的定義，母親除了照顧孩子及承擔家務之外，還需要外出工作。女性們在每個角色中很努力找到生活的平衡點，但要完美的承擔每個角色，對一個新手媽媽來說，常常會感受到無比的壓力。

當母親需要準備嗎？期待著寶寶的到來，你的身分將從小姐升格為母親。母職是全世界最古老的職業，上班的時間也是最長的，從哭泣的吶喊至口語表達的呼叫，當媽後，一天不曉得會聽到「媽媽」幾次。要從小姐蛻變成媽媽，不單單只是九個月的等待，準備好嬰兒房及寶寶用品，更需要的是心靈的準備，因為你的人生將完全改變。

首先，你必須準備一個好心情，你的心情可以影響你的想法、間接影響著你的世界，就像是你吃的食物可以影響你的健康一樣，懷孕時寶寶吸收的不只是營養，你所聽的音樂，看的電視、書籍能夠改變你的心情，而寶寶可以感受到與母親一樣的心情，所以讓自己在一個開心的環境中，培養安穩的情緒、累積足夠的正面能量，來面對母職這挑戰吧！

減少身上的負擔是另一個媽媽必須做的心理準備，不是體重的負擔，而是責任上的負擔。要做一個孩子最愛的母親，老公最愛的老婆，自己最愛的自己，媽媽們需要重新規畫自己的生活，減掉那些你必須勉強自己去完成的、別人對你的要求，學習說「不」，所以當你太累或因為照顧寶寶而不能完成別人對你的要求時，你就應該知道該如何去面對、如何拒絕。

母職這工作，一但開始了就無法停止，但這一切都是值得的！

你準備好迎接小寶貝的到來了嗎？

你準備好當爸爸了嗎？

父親是個很重要但也是最常被忽略的角色，和當媽媽不同的是，媽媽照顧寶寶有著母性的本能，且即使有疑問，答案也會快速來自各方。相反的，準爸爸們通常需要自己去搞清楚這些事情，當大家把精神集中在妻子與孩子身上時，卻忽略了父親的感受，準爸爸們會發現自己除了跑腿外好像不知道該如何協助或融入這狀況，家裡的幫手越多，爸爸的孤單及被忽略的感覺就越強，好不容易躺下來睡覺，卻又被妻子抱怨只會呼呼大睡外加打呼，而他卻要辛苦的照顧寶寶。

媽媽與寶寶兩者的依附關係是本能，爸爸與寶寶的情感聯繫則需要培養。

父親的角色需要做什麼準備呢？首先，準爸爸們必須要有老婆是

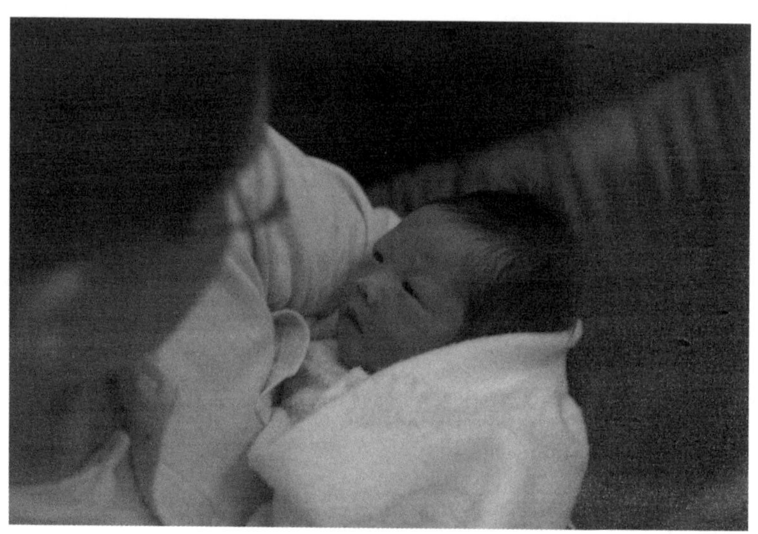

準爸爸也是很好的育兒專家。

「女王」的心理準備，不管你喜不喜歡或不管之前的狀況如何，生產之後，你會發現大部分的決定取決於老婆的想法。

與好哥兒們相聚的自由時間，在當爸爸的前幾個月，你可能不能夠這麼自由的擁有。你的時間開始繞著寶寶旋轉，家裡會有好多雜事需要你來承擔，更不用說輕鬆的看電視或打怪獸了！你將會很不習慣你的新生活，與其抗拒，倒不如接受從現在起你的自由時間都是屬於寶寶的。

照顧寶寶需要很多的耐心，寶寶需要你的呵護、陪伴、擁抱、歌唱、玩耍。寶寶喝奶時，你不能加速或調整他喝奶的速度，只能慢慢地等待他一口一口的吸吮，寶寶想睡的時候，不能因為你趕時間，叫他馬上睡著，所有的事情都是耐心的磨練，你所投入的時間將塑造一個人格健全的寶寶。

如果你是一個按照時間表做事的父親，你會發現，你的生活會大亂，你的心情會煩躁因為要把寶寶的行程塞進你的時間表是很難完成的一件事，你只能把自己的時間表內都填滿寶寶的名字，而自己的行程只能在寶寶睡覺或有幫手協助照顧寶寶的時間完成。

切記！只要是跟寶寶有關的事情，都是以老婆的意見為主，你可能不認同，但最重要的是要讓太太感受到你的幫助。餵奶時把寶寶抱來媽媽身邊、換尿布、整理家務、「自動的」陪寶寶玩耍、哭鬧時安撫寶寶、抱著寶寶等。

「自動」陪寶寶的爸爸。

老婆在產後需要時間調適，他會很需要你的支持，不管是哺餵母乳或照顧寶寶，要用支持的語氣來回應他。

「老婆辛苦了」、「老婆是最棒的」，你的幾句話可以讓老婆的心情飛上雲霄，也能讓他複雜的荷爾蒙有著負面的反應。

父親是個不容易的角色，一個家庭的建立需要時間的適應與包容，婆媳之間不同意見的溝通有時需要透過當兒子的來主導。自己的母親固然重要，但有時適當的阻止母親對老婆育兒的介入是必要的，畢竟這是你們的小家庭。給自己時間來適應及規劃未來的生活，等一切就緒後再加入其他家人的意見，放鬆心情一起面對寶寶的成長，爸爸所付出的一切「值得」！

溫柔生產美好的開始

人生中能有幾件事比生小孩更令人期待，隨著醫療的進步，生產方式也變得更多元。醫療讓生產變得更安全，但也把更多孕婦從醫院以外的生產帶入醫院。

許多孕婦在生產前從來沒有想過生產會是什麼樣子，在孩子出生前，挺著大肚子享受著孕期胎動的感覺，但當陣痛開始後，媽媽們才發現自己對生產一點都不了解，大部分的媽媽會聽從醫院護理人員的指示，上點滴、剃毛、灌腸、剪會陰，甚至催生，一切的一切都不是自己能掌控。

生產是女人一生中難忘的經驗、這經驗會讓女人和女人之間討論很久，就像男人永遠無法忘記當兵的生活一樣。跟哺乳相同的是，一個美好的生產經驗，是需要學習與有強大的支持。產婦對生產有越多的了解，生產的焦慮就越能減少，產科醫師與助產師的共同照護更能減緩孕產婦的生產焦慮。

哺乳是生產自然的延伸，一個美好的生產經驗可以成就哺乳美好的開始，產前透過生產相關課程，讓自己對生產有更多的了解，理解身體自主的能耐，相信自己一定可以做到。身體是你的，生孩子的人是你，醫師、助產師、陪產員是你生產的啦啦隊，必要時在旁協助而不是幫你生產。懷孕時，探討生產有關的資料，了解生產的過程，所有的準備能夠幫助你了解自己的生產狀況，讓自己產後在心靈上更加強壯，更有能量去照顧寶寶。

有支援系統的哺乳

懷孕時，母親的身體已經在為產後哺乳做準備，大部分的母親都能順利的分泌乳汁，來保護新生兒的健康，這是一個很自然的過程。了解哺餵母乳到底是怎麼一回事，能夠讓新手媽媽們更順利哺乳。

對許多母親來說，哺乳或許很自然的就發生了，但哺乳這件事情對大部分的母親與寶寶來說，都是一個學習的過程，唯有不斷的練習才會越來越順手。哺乳跟學習任何技能一樣，需要時間練習，熟能生巧，但他比學一個技能困難的是，學習的搭當（寶寶）隨時都會拋出不同的問題讓你不知所措。

你當然可以選擇在遇到困難時就放棄，但你知道如果你尋求幫助持續練習，你就能克服困難。如果你可以克服哺乳的困難，在育兒的路上，就沒有任何一件事是你無法克服的，這就是哺乳可以給媽媽的強大力量。

母嬰親善醫院的重要

母嬰親善醫院，一個聽了讓人安心但又擔心的名稱，母嬰親善醫院是以母乳為正常哺育方式為前提，指導母親在產後母嬰不分離的狀況下，學習照顧寶寶及哺餵寶寶的做法。

在母嬰親善醫院生產的好處是，所有母嬰親善醫院裡的醫護人員都需要有指導母親正確哺乳的能力，越嚴格的醫院，母乳哺育成功率越高。媽媽們或許會抱怨，剛生完小孩就要我自己照顧，沒錯，生小孩就是要自己照顧不然生小孩的意義何在，每年為什麼有那麼多人在慶祝母親節，因為當母親真的很不容易。

如果懷孕的你真的非常想要嘗試哺乳、學習哺乳，首先考慮至母嬰親善醫院產檢是最優先的選擇。如果你不確定或者從來沒想過要怎麼哺餵寶寶，或許你應該給自己一個學習的機會，選擇母嬰親善醫院。

母嬰親善醫院的護理人員每年都需要再教育，增長自己的母乳知識，當然，每個護理人員所吸收的程度不同再加上他自己的經驗，媽媽最常抱怨的就是，每個護理人員來都給我不同的答案。在母嬰親善醫院生產，並不是成功哺乳掛保證，但它可以讓媽媽減少寶寶被餵食配方奶而不接受乳房的問題。

在母嬰親善醫院生產，媽媽自己還是要對母乳哺育多少有些了解：

- 你知道產前學習哺乳知識很重要嗎？
- 你知道寶寶離開子宮後，最安穩的就是在你懷裡嗎？
- 你知道寶寶的胃很小需要少量多餐的餵食嗎？
- 你知道哺乳有很多姿勢，要熟練每一個哺乳姿勢需要頻繁的練習嗎？
- 你知道學習如何徒手擠乳的重要嗎？
- 你知道產後三至五天的乳房腫脹是因為荷爾蒙的改變而不是塞住了嗎？

- 你知道如果寶寶在腫脹前就學會吸吮乳房，當你遇到腫脹時寶寶就能協助你舒緩乳房腫脹？
- 你知道哺乳初期有個懂得母乳的人協助與支持，對你的哺乳之路有多重要嗎？
- 你知道要能順利哺乳，家人的支持非常重要嗎？
- 你知道離開醫院後，參加母乳支持團體對你哺乳與育兒會有很大的幫助嗎？

如果對以上的問題有不確定的答案，產前把這些問題釐清對產後照顧寶寶的生活會有很大的幫助。

哺乳小.疑.問

家人不支持哺乳，我該怎麼做？

我們很難想像為何最親密的家人及朋友面對你哺乳會有不支持的看法，但身為媽媽，因為其他人的看法而犧牲寶寶哺乳的權力其實一點都不值得。

或許老公因為看老婆很累而不支持、或許婆婆與媽媽自己沒有哺乳的經驗而反對，但事實是，他們的看法一點都不重要。今天對你哺乳有意見、再來對你餵副食品有意見、一年後連你怎麼帶小孩都有意見。總不能因為別人的看法而一直犧牲自己與孩子真正的需要。媽媽必須學習捍衛自己與寶寶的權利，過自己想要的生活從捍衛哺乳開始。

哺乳對母嬰的益處

母乳是大自然唯一針對人類嬰兒量身打造的珍貴食品，除了含有豐富營養素與免疫物質，可促進寶寶發育，母乳還會隨著嬰兒不同的成長階段，改變其中的營養成分。藉由母乳的哺育，可為嬰兒、母親、家庭，乃至於整體社會，帶來許多數不盡的好處。哺餵母乳對母嬰的健康有很大的影響。

對寶寶的好處

- 母乳提供寶寶前六個月最完整的營養及抗體。
- 母嬰肌膚接觸可協助寶寶適應從子宮內到產後的環境。
- 母乳中所具備的免疫功能有助於避免過敏及疾病的產生。

對母親的好處

- 提供自己寶寶最完善的營養。
- 哺餵母乳可促進子宮收縮，有利於產後恢復。
- 降低停經前乳癌及卵巢癌的機率。
- 親餵母乳是一種很自然增進母嬰親密接觸與關係的方式，母親在哺餵母乳時對寶寶的認識與熟悉度，能夠讓母親充滿自信與成就感。

哺餵母乳的好處有很多，除了健康上的優點之外，最大的好處來自於母親與孩子的互動，透過哺餵母乳，看到寶寶每天給母親的成長回饋，這是獨一無二專屬母親的記憶。你或許常常聽別人說哺餵母乳的優點，但沒親身經歷過，別人說的優點只是書面上的優點，找尋自己獨特的感覺，才是哺餵母乳對你和寶寶真正的好處。

哺乳
小.疑.問

餵母奶真的有那麼好嗎？

如果你問我餵母奶到底好在哪裡，撇開對母嬰健康影響來說，最讓母親懷念的是，與孩子緊緊抱在一起的那種親密感。

- 當孩子餓時，你可以用哺乳來滿足寶寶的食慾及口慾。
- 當孩子不開心時，抱著孩子喝奶可以快速安撫他不安的情緒。
- 當孩子生病時，你會很慶幸，你可以用乳房來安撫不舒服的寶寶。
- 當媽媽不開心時，哺乳中的孩子給予的回饋可以舒緩母親的心情。
- 餵母奶真的有那麼好嗎？哺餵母乳是種「甜在心」的感覺讓母親難以忘懷。

從今天起我的名字是媽媽

新手媽媽最常感受的是來自親人及朋友的「友善關懷」， 但這種關懷對媽媽來說經常感覺被批評與評判，你的母親、婆婆、最好的朋友或路上遇到的陌生人——從你挺著一個大肚子開始，就會給你許多育兒與教養的建議，但你會發現，這世界上整合所有人的智慧，也沒辦法幫你準備好迎接一個新生兒的到來。

一個新生兒的出生是你人生中最美好也是壓力最大的體驗，對媽媽來說，是一個耐心的磨練，以前你脾氣很大，現在有人比你更任性，要什麼總是用大哭來訴求；以前你個性很急，現在你的寶寶很慢，但你拿他完全沒辦法，只能耐心陪伴。

這些過程讓你成長，你學會如何聆聽寶寶的需求、學會陪伴、學會面對他給你的一切挑戰，因為你是媽媽。

我是育兒專家

誰規定寶寶一定要與母親分開，母親才能好好的休息？誰規定每兩個小時餵一次奶或每四小時喝一次奶？誰說寶寶一定要有規律的生活作息？寶寶不能含著乳房睡覺，不能抱不然會被寵壞，從小就得訓練睡過夜？

育兒的路上，一定會遇到很多的問題，不管你讀了多少本育兒書籍，在面對新生兒時，你還是會有很多的疑惑需要尋找答案，這跟在學校讀了很多書後到了職場還是有很多的不懂、很多需要學習是一樣的意思。聽多人說倒不如聽寶寶說，聽自己心裡說。當你的乳房已經腫脹，心裡的聲音告訴你，解決的方法就是讓寶寶吸吮，請不要抗拒這內心的直覺，寶寶抱起來餵才是正確的做法。

你的先生、媽媽、婆婆、朋友會告訴你，寶寶要睡過夜媽媽才會輕鬆，但事實是新生兒大約每兩小時會醒來，不一定完全是肚子餓，有時只是需要確認一下媽媽還在身邊。你的先生、媽媽、婆婆、朋友不會告訴你，這是一個正常的新生兒會有的表現，他們可能也不知道，新生兒持續睡五個小時就已經是睡過夜，當然更不能感受你半夜需要一直起來滿足寶寶需求的辛勞，一句你一定要訓練寶寶睡過夜，就能讓你心裡產生很大的負擔。

因為你的直覺告訴你，新生兒的作息是無法這麼快建立，你的直覺告訴你，多給寶寶一點時間，等他長大成熟一點，睡眠就不會是個問題；你也知道白天當寶寶睡覺時，你也要趕快跟著睡覺，這樣才有體力面對當母親的挑戰。

在醫院時，護理人員可以教導你照顧寶寶的技巧，返家後你可以聽聽看身邊的人給你的育兒建議，但一定要相信自己，你才是養育寶寶的育兒專家，沒有人可以比你更了解你的寶寶了！

學習哺餵新生兒

懷孕時，你曾經想過哺餵寶寶的方式嗎？人類是哺乳動物，但卻有很多人不了解哺乳動物的餵哺方式。人與人之間的相處也隨著社會型態的影響而改變，傳統婦女之間相互學習及模仿的傳統，也因為人與人之間的隱私產生了距離，而遺失了互相學習的機會。哺餵新生兒是一個模仿的學習過程，親自看過其他婦女哺乳的學習經驗勝過讀好幾本教科書。

孕期的哺乳準備

你一定很難想像，哺乳需要準備？這不是一件自然的過程嗎？為何還需要準備呢？沒錯，哺乳是一個再自然不過的生命歷程，但也是一個必須學習的過程。首先，先問問自己，是否了解為何需要哺乳，哺餵母乳對寶寶真的有那麼重要嗎？哺餵母乳對母親與寶寶健康的影響，在這幾年的宣導下，相信已在母親的心中已經種下了一顆顆種子，媽媽們都知道哺餵母乳很重要，重要到有時會讓不哺乳的媽媽感覺內疚。但在決定用哪種方式哺餵寶寶之前，媽媽需要先了解哺乳對母嬰健康的影響。

人類的乳汁是為寶寶量身訂做，其成分隨著嬰兒不同成長階段而改變。分娩後幾天內的初乳是保護新生兒的第一道疫苗，含有豐富的抗體及免疫物質能保護新生兒避免感染，母乳餵養可減少嬰兒患腸胃炎、中耳炎、肺炎、尿道炎、糖尿病、氣喘、白血病及嬰兒猝死症等疾病。

分娩後盡快哺乳能幫助母親子宮收縮，減少產後出血，且可減少母親罹患乳癌、卵巢癌、骨質疏鬆等疾病。

哺乳的好處不僅限於母乳的營養所帶來的好處，哺餵的過程對媽媽與寶寶來說，也非常重要。母乳哺餵所分泌的荷爾蒙能讓母親放鬆，有助於產後情緒的穩定。吸吮的過程可促進寶寶口腔肌肉的發展，依偎在母親的懷裡更是能穩定寶寶的情緒。哺餵母乳對母親及寶寶來說，是個雙贏的過程，是一位母親能給寶寶的最好的見面禮。

第一次哺乳多少會有些困難需要克服，哺乳是天性，每位媽媽都有餵飽自己孩子的能力。只要媽媽充分了解哺餵母乳的正確做法，有了充足的正確知識，媽媽們就會有信心和毅力去克服所有困難。信心和正確哺乳的方法是一樣重要，哺餵母乳的媽媽常常需要面對與自己餵養方式持不同意見的評論，或被灌輸不正確的哺乳知識。先生、婆婆、保母、朋友、甚至自己的母親都有可能會質疑你的奶水或是餵養的方式。

生產前預約 IBCLC 國際認證泌乳顧問的產前諮詢，學習產後該如何哺乳、找尋一個支持網絡（像是餵過母乳的朋友或參加台灣母乳協會的聚會），多多接觸有成功哺乳經驗的媽媽，一起討論哺乳育兒經，對哺乳有很大的幫助。

哺乳
小.疑.問

無法順利哺乳時該如何面對？

你已經嘗試過所有的方法，但哺乳對你來說還是個挑戰。懷孕時滿懷欣喜的期待著哺乳，但現在的心情卻有失敗的感覺，尤其是當所有資訊都告訴你母乳對寶寶最好，該如何面對這種心情呢？

當哺乳遇到問題時，媽媽通常會感到心情沮喪、對寶寶愧疚。其實這種心情是不必要的。現今的社會，很常把育兒分成各種派別，因為要顯示自己做出最好的選擇，通常會需要貶低與自己不同的做法來突顯你的選擇是最好的。從餵母奶到餵配方奶、全職媽媽或上班媽媽、半夜要餵奶或訓練睡過夜、就連背巾的選擇也會有不同的聲音，但這全都只是不同的育兒選擇。每個人都有自己的問題需要調適或克服，只有找到最適合自己與寶寶的才是最好的育兒方式。

產前擠乳是否有必要？

哺餵母乳需要在產前做準備嗎？奶量建立的黃金時間其實是在產後幾週，產前只需要了解產後哺餵母乳及建立奶量的做法，媽媽可以不需要擔心產前沒有擠奶會導致產後無法哺乳。產前擠乳與產後泌乳量並沒有太大的關聯。

產後哺乳的情況不一定會像預期的一樣，母親與寶寶可能在哺乳時遇到困難導致寶寶低血糖，或因醫療問題導致母嬰分離而需要添加母乳替代品。在這種情況下如果母親產前已經開始擠乳與儲存乳汁，就能夠降低寶寶需要補充母乳替代品的可能。

產前擠乳並不是每一個媽媽都需要做，但如果媽媽產前就已經有乳汁流出，或母親有影響奶量分泌的健康因素時，產前擠奶或許會有幫助。

哺乳小.疑.問

產前會分泌乳汁嗎？

懷孕是女生乳房第二次經歷改變，在大約十六週時乳房已發育至泌乳的功能，但乳汁分泌受到懷孕時黃體素所抑制，所以大部分孕婦在產前並無乳汁流出。

產前擠乳可能的安全隱憂

許多人可能對產前擠乳產生擔憂，擔心是否會造成宮縮或早產。這就是為什麼在執行產前擠乳之前，母親需與醫師或助產師討論自己懷孕的情況是否適合。催產素這個賀爾蒙不僅在生產時造成子宮收縮，同時也在母親擠乳時產生噴乳反射作用，具有讓乳汁快速流出的功能。那擠乳會不會導致宮縮而造成早產？

一般健康的懷孕，母親的產程會在身體認為準備好了之後，由身體啟動進入產程，但有些高風險的妊娠，例如感染、子癲前症會有早產的風險。

在母嬰健康的情況下，產前擠乳可以在約三十五至三十七週時開始執行，擠出的乳汁可用針筒收集冷凍。

雖然產前擠奶對某些母親會有幫助且可以降低嬰兒添加母乳替代品的機率，但並不是所有母親都需要執行。產前學習母乳哺餵的知識、產後肌膚接觸，讓寶寶儘快含乳及吸吮，評估正確含乳及有效吸吮才是母乳哺育成功的要點。

TIPS

應避免執行產前擠乳的狀況

- 早產的經歷
- 醫師判斷有早產的風險
- 宮縮
- 多胞胎
- 子宮頸閉鎖不全
- 子宮頸環紮手術避免早產
- 擠乳時會有宮縮的感覺

產前擠乳對哺乳有幫助的情況

有下面狀況的準媽媽可考量在產前擠乳，但在執行產前擠乳前，務必先與醫生討論有關孕期安全及風險。

- **糖尿病的母親：**糖尿病母親的寶寶（第一型、第二型或妊娠糖尿病）在出生後容易有低血糖的風險而母親泌乳二期也會來的比較緩慢。提前擠出的乳汁可讓寶寶補充額外的母乳，協助血糖的穩定並降低母乳替代品的使用。

- **寶寶的生理構造可能有會影響哺乳的情況：**如唇顎裂，神經系統或心臟疾病。這些情況出生的寶寶，出生後大部分會因醫療因素與母親分離，且也會有含乳及吸吮困難。孕期擠乳除了儲存寶寶需要的乳汁外，媽媽還能提前練習手擠乳技巧，對產後母嬰分離而需擠奶時有很大的幫助。

- **母親的生理疾病可能影響哺乳：**乳腺組織發育不全、多囊性卵巢疾病、多發性硬化症或曾經做過乳房手術。

寶寶出生了
照顧新生兒・新手媽媽的哺乳

當你聽到有朋友、家人或醫院的護理人員告訴你：「產後前幾天是沒奶的」這句話時，你可能要有警覺性的反應，要知道講出這句話的人對母乳的了解可能不夠清楚。有遇到問題時，要找的人絕對不是他們。

哺乳如何開始

母親的乳房在懷孕十六週就已經開始做好泌乳的準備，二十八週乳房即有泌乳的功能。所以即使是早產兒的母親，也絕對有足夠的能力哺乳。

懷孕時，泌乳激素被雌激素所抑制，孕期並不會有大量的乳汁產生，隨著胎盤娩出，母體內的雌激素會在產後一至兩天漸漸代謝，而泌乳激素會上升，這也是為何母親在產後大約三天會有脹奶的感覺。

脹奶並不代表奶來了，脹奶是一個生理荷爾蒙改變的反應，寶寶正確含乳吸吮的次數才是乳汁分泌多寡的關鍵。產後初期依寶寶需求哺乳，乳房腫脹、寶寶需要頻繁吸吮的問題，通常一週後會自然調適、哺乳也會變得輕鬆。

哺乳
小.疑.問

孕期若沒有脹奶是否會影響哺乳？

妊娠期間，乳房因為荷爾蒙的刺激，乳腺組織開始增生，乳房罩杯開始變大，其實這時的乳房已經在為哺乳做準備。大部分的婦女在孕期乳房會比未懷孕之前要大二至三個罩杯，但這會因個人情況改變，並沒有統一的標準。

孕期乳房變大與產後的脹奶不同，孕期時即使乳房尺寸變大，感覺比較腫，與產後脹奶的感覺是不一樣的，產後腫脹的乳房感覺溫度較高、較熱。媽媽可以完全不用擔心懷孕時沒有脹奶的感覺等同於不能哺乳。

乳房腫脹對媽媽來說並不是一件好事，而且脹奶並不等於很有多奶。如果及早開始哺餵，且讓寶寶有效率的含乳及吸吮，就可以避免嚴重乳房腫脹的情況。

住院期間的哺乳

選擇一個好的生產醫院是啟動順利哺乳的關鍵，如果您選擇的生產醫院比照 WHO 世界衛生組織及 UNICEF 聯合國兒童基金會在 1991 年發起的全球愛嬰醫院行動，實踐「成功母乳育嬰十項指引」克服醫療機構內阻礙母乳哺育的各種因素，那麼懷孕的婦女，母乳哺育的母親及嬰兒將擁有高品質的照護。

在台灣，母嬰親善醫院效仿著愛嬰醫院的十項指引，打造出本土化的評鑑規範，但可惜的是，並不是每間通過評鑑的醫療院所都秉持著愛嬰醫院的標準。

母嬰親善裡的母乳照護通常會被打折，且母親並不能完全感受到母乳推廣的友善。當照護品質打折時，母乳哺育的困難也相對地增加。

母嬰親善醫院應依據下列十個成功哺餵母乳的措施：

1. 有一正式文字的哺育母乳政策，並和所有醫療人員溝通。
2. 訓練所有醫療人員施行這些政策之技巧。
3. 讓所有的孕婦知道哺育母乳之好處及如何餵奶。
4. 幫助產婦在生產半小時內開始哺育母乳。
5. 教導母親如何餵奶，以及在必須和嬰兒分開時，如何維持泌乳。
6. 除非有特殊需要，不要給嬰兒母奶之外的食物。
7. 實施每天 24 小時親子同室。
8. 鼓勵依嬰兒之需求餵奶。
9. 不要給予餵母奶之嬰兒人工奶嘴或安撫奶嘴。
10. 幫助建立哺育母乳支持團體，並於母親出院後轉介至該團體。

母嬰親善醫院推廣的是以母嬰為一體的概念，產檯上進行肌膚接觸、儘早開始哺餵母乳，無特殊狀況母嬰不應該被分離。母親在醫院的這幾天，可在護理人員的協助下學習照顧寶寶、哺餵寶寶，利用這幾天與寶寶多多相處，享受看著寶寶成長的喜悅，唯有與寶寶在一起，才能夠感受到生產賦予母親的超能力。

產後脹奶時該如何處理？

產後乳房的腫脹是正常荷爾蒙改變的影響，自然產的母親在產後第三天會有乳汁「來」的感覺，剖腹產有時會比較晚，大約五天左右，但一般來說，產後腫脹是幾乎所有生產婦女都會遇到的狀況。

這時候的乳房會感覺很腫很脹，但擠奶時擠出的量又不多，寶寶喝完雖然有比較鬆但感覺還是很重，這種情形通常會維持兩至三天，身體會依寶寶吸吮的頻率來衡量需要分泌乳汁的多寡。

不過，一般在哺乳初期（約一週），寶寶還在學習含乳、媽媽也還在學習哺乳的階段，如果寶寶含得正確，乳汁的移出就會比較有效率，乳房在哺乳後也感覺比較輕盈。但如果寶寶含不好，乳汁移出效率不佳，除了媽媽會有腫脹的感覺外，也比較容易降低乳汁的分泌。

正確含乳

要避免腫脹，第一要做的就是盡早讓寶寶含乳，頻繁的吸吮且確定寶寶能夠有效率地把乳汁移出。不管什麼尺寸的乳房，含乳正確時，寶寶的下巴緊貼著乳房，鼻子與乳房之間保留空隙，保持呼吸道的暢通。

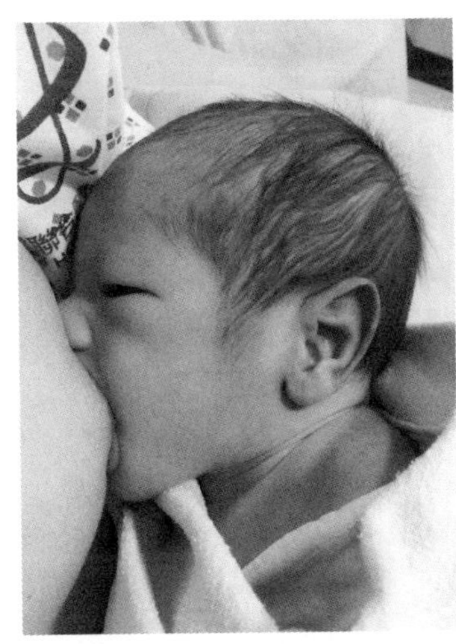

正確含乳。

這幾天寶寶吸吮的次數越多，媽媽乳汁分泌的就越多，刺激次數越少，乳汁分泌就越少。除非藥物干擾，不然很難讓乳汁不要一直分泌，想要減緩乳房的不適，媽媽需要頻繁的餵奶，一方面安撫及滿足寶寶的需求、另一方面可以減緩腫脹的不適。

若寶寶可以含上乳房但吸吮效果不佳，媽媽可以趁寶寶吸吮時擠壓乳房，靠寶寶的吸力及媽媽手的壓力，讓乳汁流動順暢一些。

通常脹奶中的乳房感覺很熱，媽媽可以在哺餵後用冷毛巾降溫來舒緩腫脹的乳房。

哺乳小.疑.問

哺乳可以中斷後再繼續嗎？

有些時候母親因為需要離開寶寶幾天或有醫療上的需求需要中斷哺乳，但媽媽內心還是很渴望持續哺乳，尤其是當寶寶還小的時候。

當媽媽與寶寶分離時，第一考量的是，寶寶在分離這幾天要喝什麼？有些母親會事先擠出乳汁讓寶寶可以持續喝到母奶，但有些情況緊急導致母親無法有備用乳汁。

當媽媽與寶寶分離時，不只寶寶的糧食需要被考量，媽媽的乳房也會因為不能像以往依寶寶需求哺乳而導致腫脹，而腫脹容易導致退奶。如果媽媽回到寶寶身邊還想持續哺乳，最重要的是必須維持乳汁的分泌，固定時間用手擠或擠乳器把乳汁移出，只要母親維持泌乳，寶寶一定能回到乳房持續哺乳。

哺育新生兒的準則及問題

哺餵母乳是最自然、最健康的餵養方式，但面對剛出生的寶寶，新手媽媽常會面對來自親友的好意，接收到許多不同的育兒建議，加上不同育兒書籍所提供的不同意見，對於新生兒的哺乳方式常常讓新手媽媽不知所措，到底寶寶該如何餵食、多久該餵一次、每次該餵多久、需不需要換邊等問題，都是哺乳媽媽常有的疑問。

新生兒哺乳準則不是一篇新手父母必須一一執行的文章，這是一篇把哺餵新生兒常見的問題，提供解說與建議，爸爸媽媽需要相信自己的直覺及照顧新生兒的能力，用耐心和細心來呵護你們的超級小寶貝。

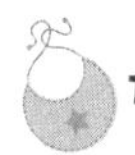

母乳哺餵

Q 哺乳如何開始？

哺乳是延續生產的一個過程，當健康新生兒在產後立刻被放在母親的胸腹部，皮膚貼著皮膚時，他們會展現自主尋乳的能力。他們非常清醒。在母親溫柔撫摸的刺激下，他們可以蠕爬，越過母親的肚子，找到乳房。接著，嬰兒用聞的或是用嘴巴舔母親的乳頭，最後他含上乳房並且開始吸吮，這整個過程對一位新生命的存活而言，是非常重要的。

Q 如何知道寶寶需要喝奶？

依照寶寶的需求餵奶，是產後初期哺餵的最好方式，新手父母常認為，哭泣是寶寶肚子餓的表徵，但其實如果爸爸媽媽認真觀察，你或許會發現，寶寶在大聲哭泣之前已有吐舌頭、尋乳、吃手等動作，哭泣是最後一個表達不滿的方式。在寶寶放聲大哭之前餵食可以避免寶寶過於生氣，而影響喝奶的狀況。

重要的是，並不是每一次哭鬧都代表沒吃飽的表現，有時候寶寶會因為太冷、太熱、脹氣、過度刺激、無聊或只是需要窩在爸媽身邊都會以哭來表達他的需求。如果寶寶每日尿布量有達到六片以上，但在餵食三十分鐘後又有哭鬧的現象，通常寶寶應該不是肚子餓，哭泣可能是因為其它的原因。

Q 多久該哺餵一次？

新生兒每二十四小時應哺餵母乳約八到十二次，每一次都吃到飽為止，媽媽可以憑乳房軟硬的感覺，來評估寶寶是否有效率的把奶水移出。母乳的消化時間比配方奶快，媽媽可能會覺得寶寶餵食頻繁，但這對媽媽的奶量建立，及寶寶少量多餐的進食方式是最恰當的。在奶水量建立起來之前，媽媽應依照寶寶的需求哺乳，通常是每一小時至三小時一次。隨著寶寶年齡增加，哺乳的時間距離就可以拉長。新生兒哺餵的間隔不要超過四小時、或睡過夜。

寶寶肚子餓的反應依順序排列

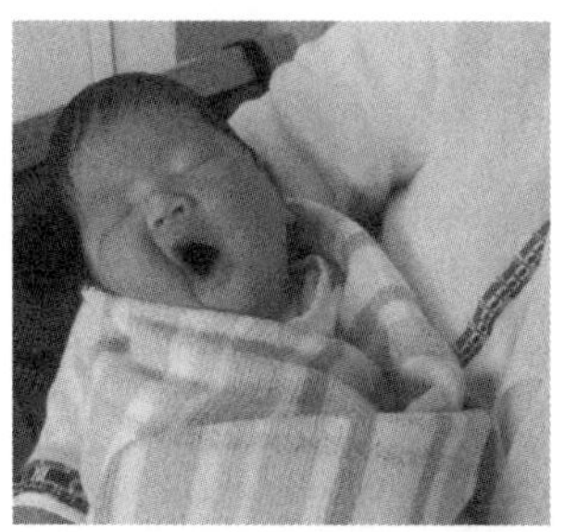

1. 慢慢的把頭左右旋轉。

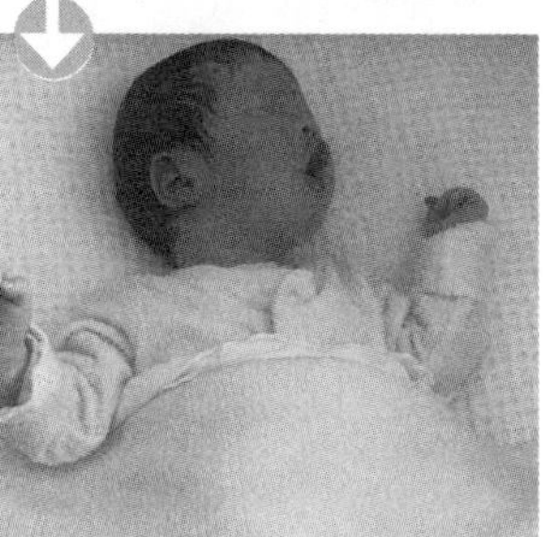

2. 張開嘴巴。

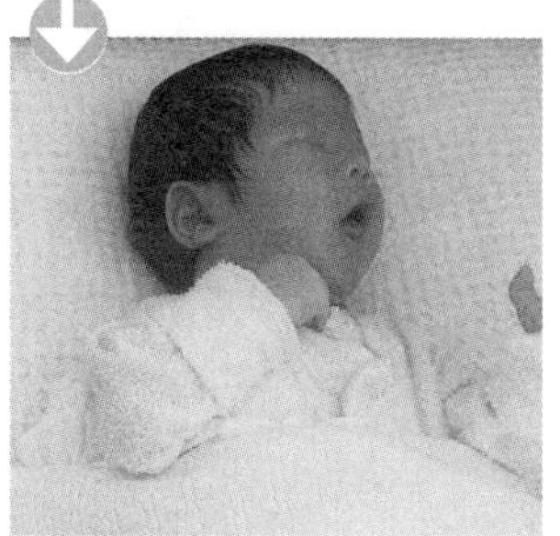

3. 吐出舌頭。

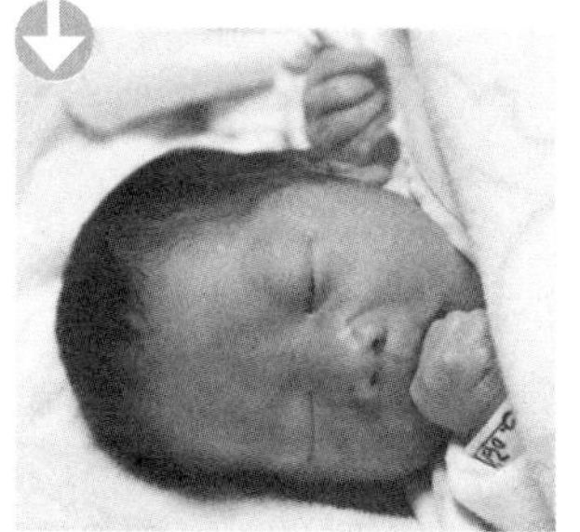

4. 把手放進嘴巴。

5. 吸舔嘴唇。

6. 在媽媽胸前磨蹭。

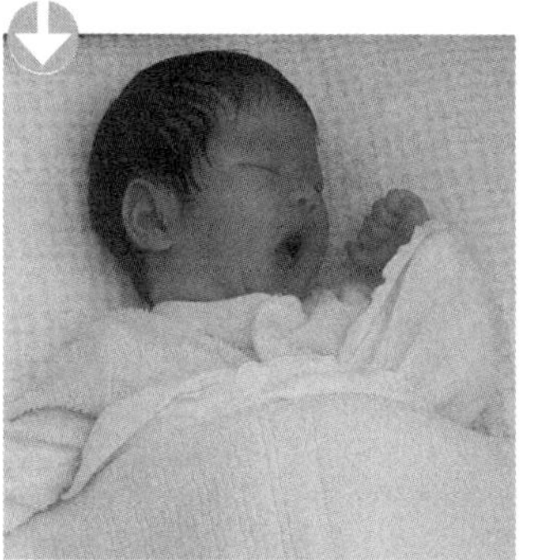

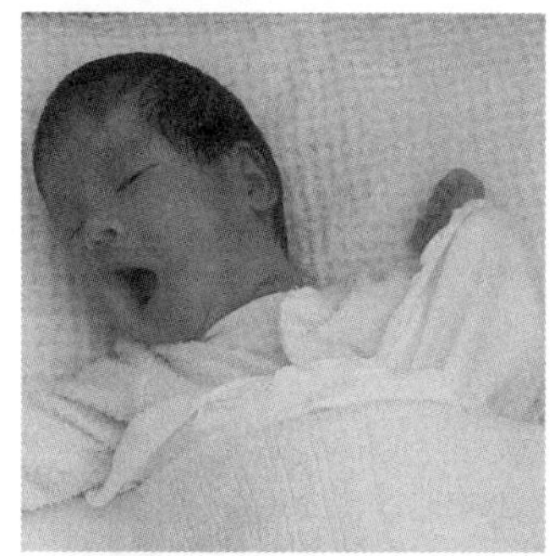

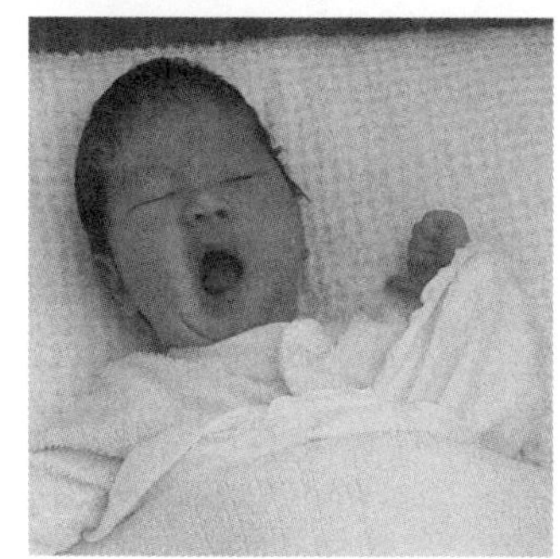

7. 快速的尋乳反射。

Q 什麼是噴乳反射？

噴乳反射是哺乳時神經內分泌系統所產生的一個正常的過程，讓寶寶可以在短時間內攝取到更多的乳汁。在哺乳初期，噴乳反射對有些母親來說，是一種難以忍受的刺痛感，但並不是所有母親都會有這種感覺，當乳房充沛時，噴乳反射的感覺會越強。通常在餵奶或擠奶時，寶寶快速吞嚥或乳汁快速流出時，就是噴乳反射起了作用。

TIPS

注意寶寶飽足的反應

注意寶寶飽足的反應（轉離乳房、對含乳沒興趣、滿足的睡著），如果寶寶有這些反應就可以停止餵食，不要強迫寶寶喝奶。

在哺乳的前一週，乳汁還尚未建立之前，母親不會有噴乳的感覺，但這並不代表沒有乳汁分泌，媽媽只要依寶寶需求餵奶，需要時擠乳，當奶量建立起來之後，就會聽到寶寶吞嚥的聲音，也就代表著噴乳反射起了作用。

Q 哺乳時應該把寶寶包起來還是鬆開？

許多人認為把寶寶捆得緊緊的，對新手媽媽來說比較好抱，寶寶比較不會隨意扭動，但哺餵母乳的時候，把寶寶綑緊會影響寶寶正確的含乳。哺乳時，寶寶的身體緊貼著媽媽，才能把乳房含得好含得深。

寶寶如果包得太緊、穿得太厚或與媽媽身體之間有阻礙物，含乳會變淺，而不正確的含乳容易導致乳頭受傷。在哺乳時應讓寶寶手腳隨意扭動，媽媽可以趁哺乳時摸摸寶寶的手腳，增加與寶寶的肌膚接觸與互動。

Q 如何知道寶寶到底有沒有吸到奶？

新手媽媽，尤其是哺餵母乳的母親常常會擔心寶寶沒吃飽，親餵母乳的媽媽如果不知道如何評估寶寶是否有吃飽，通常會越餵越擔心、越餵越沒信心。

有幾個指標可以協助媽媽評估寶寶是否有吸到乳汁：

- 寶寶的尿布量
- 乳房鬆軟的程度
- 寶寶喝奶時是否有吞嚥的聲音

寶寶的尿布量在二十四小時內必須達到六片以上，有些尿布的吸收力很強讓尿布感覺起來乾乾的，只要每次餵奶前所換的尿布拿起來有點重量（大約三片乾淨尿布）就可以確認寶寶前一餐有順利的把奶水移出。

新生兒在前三週必需每天都有大小便，母乳寶寶不需要每天解大便的指標必需等寶寶大一點才能使用。

乳汁足夠

如果寶寶有攝取足夠乳汁，他會：

- 看起來很滿足
- 一天換六片以上的濕尿布
- 排便順暢
- 睡得很安穩
- 清醒時很有反應
- 每個月體重增加至少 500g

乳汁不足夠

如果寶寶沒有攝取足夠的乳汁，他會：

- 餵完奶後感覺不滿足
- 感覺好像一直很餓
- 尿布量沒有達到六片以上
- 常常煩躁或哭泣
- 每個月體重增加沒有達到 500g

如果爸爸媽媽擔心寶寶沒有喝到足夠的乳汁或體重增加不足，請盡快的尋求協助，國際認證泌乳顧問及母嬰親善醫院的醫師能夠更準確的為母乳寶寶做評估。

TIPS

母乳寶寶的產後回診

母乳寶寶出院四十八至七十二小時後最好回診，請醫師評估寶寶的體重及含乳技巧。媽媽也可以趁機向醫師詢問，確認自己的做法是正確的，這樣一來媽媽會更有信心繼續哺餵下去。

Q 每次該餵多久？

一般來說，哺乳初期每次餵奶的時間會比後期來得長。新生兒初期會用較長的時間哺乳，除了滿足寶寶的食慾及口慾之外，也會讓乳房建立寶寶所需要的奶量。有些護理師會指導媽媽每邊至少哺餵二十分鐘，但新手媽媽很難評估寶寶含住的時間內是否有含好含滿，且有效的把乳汁移出。

與其規定哺乳的時間，更好的做法是評估乳房的感覺，在哺乳前乳房感覺是厚重飽滿，當乳房已經變得鬆軟且寶寶吸吮的感覺也漸漸變慢變淺，就代表乳汁已被移出，這時就可以換邊。

此外，每次該餵多久的時間還會依照每個寶寶、媽媽和其他因素所影響：

- 媽媽的奶量是否已經建立起來
- 是否感覺得到噴乳反射
- 乳汁的流速
- 寶寶是否有正確含乳
- 寶寶是否清醒
- 寶寶喝奶是否認真或是容易被干擾

寶寶需要花多久的時間喝奶和寶寶的年齡也有關係，越大的寶寶喝奶會比較有效率。新生兒可能會花上一邊二十至四十分鐘的時間喝奶，但大一點的寶寶只需要五至十分鐘就可以把奶水移出。

寶寶有正確的含乳姿勢可以避免媽媽乳頭破皮，更可以快速的喝到更多乳汁。如果新生兒喝奶的時間太短（五分鐘）或太長（一小時），一定要尋求專業（母嬰親善醫護人員或國際認證泌乳顧問）評估以免影響寶寶的成長。

Q 餵多久需要換邊？

為了平衡兩邊乳汁的分泌及避免單邊乳房的腫脹，不管哺乳的哪個時期，哺餵時應該每次都讓寶寶吸吮兩邊乳房，兩邊乳房交替哺餵，讓兩邊乳腺受到相同的刺激以維持雙邊的奶量，尤其在哺乳初期，哺餵雙邊可以讓乳房平均的刺激，分泌的乳汁才會比較平均。

哺餵的時間需依照媽媽乳房的狀況及寶寶喝奶的效率來做評估。在乳汁分泌順暢後，有些寶寶或許能在一邊乳房就攝取足夠的量，但如果只哺餵單邊，那另一邊的乳房是否就必須面對腫脹，而腫脹代表著乳汁下降的風險。建議媽媽可以在寶寶睡著前，或是吸吮較慢時嘗試換邊，讓另一側乳房也能舒緩一些。

不過，有些寶寶會在哺乳之間中斷換邊，但有些寶寶一旦哺乳中斷後就會停止喝奶，到底要一次喝完一邊或是喝到一半換邊，須依寶寶的喝奶狀況和媽媽乳房的狀況來做決定。

母乳寶寶的便便

Q 母乳寶寶的便便是什麼顏色、排便量多少才算正常？

產後初期寶寶大便的顏色及濃稠度可以協助母親評估，寶寶的健康狀態及是否有攝取足夠的乳汁。寶寶生命的第一天所排的便便是黑色且黏稠的胎便。在接下來的幾天中，隨著寶寶喝進更多的乳汁，寶寶的便便顏色會改變。

便便的顏色一般會從第一天的黑色變成第二天的黑綠色，然後變成卡其綠色、棕色，最後在第四或第五天變成黃色或芥末色。黏稠度會減少且每天大便次數會逐漸增加。

隨著寶寶排便顏色的變化以及越來越多的潮濕及髒尿布，這是一個很好的指標——讓媽媽知道寶寶是否有喝到大量的初乳。如果寶寶出生前幾天沒看到大便顏色的變化，媽媽需要尋求專業人員的協助來評估寶寶有攝取足夠的乳汁。

產後五天內，有些嬰兒體重會有所減輕，新生兒脫水可能會失去高達百分之七至百分之十的出生體重，這被認為是「正常的」。當發生這種情況時，儘管有一點體重的下降，每日尿布的顏色變化和排便量可作為有喝到母乳的保證。但如果寶寶體重持續下降或沒有增加，加上很少或根本沒有排便，最可能的原因是寶寶沒有喝到足夠的母乳。

Q 母乳寶寶沒排便是正常的？

新生兒沒排便最大的因素是乳汁攝取不足，這需要馬上尋求哺餵母乳的評估。母乳完全被寶寶腸胃吸收所以沒有大便的說法在產後六週是不適用的。

餵奶時注意寶寶是否有吞嚥的動作，如果寶寶看起來吞嚥次數少，媽媽可以在寶寶含乳時一邊擠壓乳房，讓寶寶喝到更多的乳汁，但在這種情況下，尋求協助是必要的。

如果你的寶寶每天排便量少或一週內顏色沒有逐漸地由黑色轉換成金黃色，需尋求專業醫療人員的評估，或聯絡 IBCLC 國際認證泌乳顧問評估寶寶含乳、抱姿、哺乳的頻率及次數、哺餵的方式（每次單邊或雙邊）。

Q 寶寶的便便是黃色或綠色是否有問題？

如果寶寶有攝取足夠的乳汁，在第一週結束的時候，母乳寶寶的便便顏色是黃色、芥末或淺棕色，但因母乳會受母親飲食而影響，在顏色和黏稠度方面可以有很大的正常範圍。母親的飲食或任何媽媽與孩子正在服用的藥物，可能會影響寶寶的便便的顏色和形狀。

綠色的便便

綠色糞便也很常見，對寶寶來說可能是正常的，或者有其他原因。一個有綠色便便的嬰兒可能是對母親飲食中的某些東西不能接受，例如乳糖過多（綠色，起泡和全是泡沫的便便），也或許是寶寶沒有喝到足夠的母奶，或者可能有其他原因。

綠色糞便也有可能是正常的

如果寶寶經常有綠色的便便或黃綠色的便便，但體重增加正常，且是快樂和滿足的，綠色便便對寶寶來說可能是正常的。

如果寶寶經常有大量的綠色便便，體重增加正常，但常常會脹氣或哭鬧，寶寶可能出現乳糖過多無法負荷的跡象。乳糖過多有時被解釋為寶寶喝進太多的前奶或母親母乳太多。通常如果媽媽乳汁豐沛、供過於求，寶寶大便含有大量的泡沫或泡沫狀的綠色糞便，可能是寶寶攝入過量的高乳糖、低脂奶，導致難以正確消化的現象。

可參考「奶水太多過度泌乳」的處理方式，可以有效解決寶寶持續攝取太多高乳糖低脂肪的乳汁問題。

奶量攝入不足的綠便便

如果寶寶排便量少（每片尿布中沒有太多的髒尿布和少量的綠色便便），這可能代表母乳攝取不足。沒喝到足夠奶量的寶寶可能會很煩躁和緊張，有時整天都在餵食且體中增加也不良。可參考「奶量不足的追奶技巧」訂製一個增加奶量的計畫，並確保寶寶獲得足夠的乳汁。

母乳性黃疸

Q 喝母乳的寶寶為什麼會母乳性黃疸？

黃疸指的是新生兒的皮膚及眼球白色區域看起來黃黃的，新生兒母乳性黃疸與兒童及大人病理性的黃疸不同。新生兒黃疸主要是出生後肝臟不能迅速處理在子宮內所需要的體內膽紅素，導致膽紅素累積在身體形成生理性黃疸。大部分的新生兒黃疸屬於生理性黃疸。生理性黃疸除了皮膚眼白泛黃之外並無其他症狀，通常不需要治療，在產後一至兩週內會自然消退。

母乳攝取不足黃疸

母乳寶寶的黃疸若出現在產後二至四天，稱為早發性母乳性黃疸，原因來自母乳攝取量不足導致排便量減少，這種情況下只要頻繁餵食、注意寶寶有吞嚥、每天有六片以上的濕尿布，寶寶喝到的母奶量多，代謝增加黃疸消退速度也比較快。一般來說，母乳攝取不足的黃疸及少引起嚴重的黃疸相關病情，解決方式是增加奶量的攝取，不需要因為怕黃疸而停止哺餵母乳。

母乳性黃疸

有些母乳寶寶黃疸出現的時間比較久，可能從出生一週持續到兩個月大之間，寶寶的活動力好、母乳攝取量佳、尿量也正常但膽紅素持續在 10mg ／ dl 以上，檢查無任何異常。

台灣兒科醫學會建議，當黃疸指數小於十五至十七時，仍可以放心的哺餵母乳並且照光治療。當寶寶出現黃疸症狀時，媽媽可以與醫師討論適合的處理方式。

寶寶的吐奶與溢奶

Q 寶寶為什麼頻繁吐溢奶？

新生兒吐溢奶是很常見的情形，吐奶指的是直接從胃部將奶嘔吐出來，溢奶則是胃裡的奶回流上來後至嘴角溢出來。新生兒吐溢奶可能與嬰兒的胃容量小，或食道與胃之間的賁門還沒發育成熟有關，其他原因有可能是因為進食過多。

Q 母乳寶寶需要拍嗝嗎？

常常會有母乳媽媽說，餵母乳的寶寶不需要拍嗝，其實寶寶是否需要拍或是每次餵奶都需要拍，都會與寶寶的吸吮和媽媽乳房的含接有直接的關係。

當寶寶含乳、吸吮及吞嚥都很協調時，寶寶在餵奶時不會吸入太多的空氣，有些母親在從一個乳房切換到另一個乳房時，會幫寶寶拍拍背，但當寶寶喝完奶睡著且呈現舒服的狀態，媽媽不需要把寶寶吵醒刻意拍到寶寶打嗝。

有些寶寶，特別是在喝奶時常呈現煩躁狀態的寶寶，或者母親奶量過多或太少的狀況下，喝奶比較容易吞嚥一些空氣。這些嬰兒可能需要打嗝才會舒服一點。對於有胃食道逆流的的寶寶，打嗝可以緩解症狀。

每個寶寶都是不同的，且每位母親都有自己獨特的餵養方式，所以媽媽必須學會觀察寶寶的信號。如果寶寶在哺乳中或哺乳後哭泣或看起來不舒服，可能需要抱起來打嗝才能安頓下來。若胃食道逆流狀況持續，或寶寶有不舒服的表現，請醫師診斷及提供改善方案。

兩個常見幫助寶寶拍嗝的姿勢：

- **把寶寶放在你的腿上：**你可以把寶寶放在膝蓋上，妥善抱住寶寶，拍拍寶寶的背部。

- **將寶寶抱在肩上：**將寶寶放在肩上。用一隻手抓住他／她，輕輕拍拍他／她的背部。 確保寶寶的頭部和身體得到適當的支撐。

把寶寶放在你的腿上。

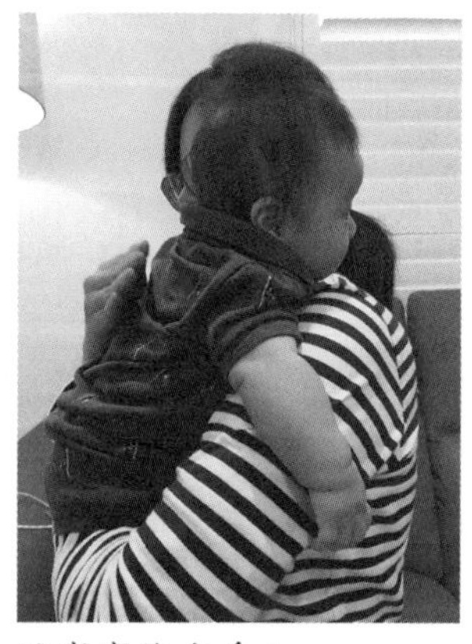

將寶寶抱在肩上。

接觸奶瓶後如何改回母乳哺育？

母嬰不分離的情況下，母親只要依寶寶需求哺乳，即可減緩乳房的腫脹及滿足寶寶的食慾及口慾。但如果寶寶已經在母親沒被告知的情況下就被添加了配方奶，那媽媽們該如何繼續哺餵母乳呢？

乳頭混淆後的母乳哺育

我們常看見嬰兒在嬰兒室與母親分離，媽媽在房間做所謂的「休息」，其實大部分時間都在擠奶。花了很長的時間擠奶後又被通知寶寶醒了該下去餵奶，帶著一個乳汁已經被移出的乳房到哺乳室，面對一個等太久、過度飢餓，且已體驗過奶瓶流速很快的寶寶，母親接手的是完全錯愕及束手無策的感覺。這時你可以：

給自己與寶寶時間與機會

只要內心還有疑慮還帶有那一點點的遺憾，放棄之前請再給自己與寶寶時間與機會，先建立好自己的奶量，多與寶寶肌膚接觸，在寶寶安穩時嘗試餵奶，當寶寶吸了一口後，就後有第二口、第三口，慢慢的寶寶會習慣、會愛上這吸吮的感覺，媽媽也會愛上寶寶依偎在身邊的感覺。

影響母乳哺餵方式的因素有很多，大部分都可以解決，只要媽媽有堅持哺乳的信念。有時候寶寶會因為接觸了奶瓶而抗拒乳房。媽媽除了面對無法餵飽自己小孩的挫敗心情之外，還要面對寶寶不喜歡自己乳房的挫敗。

先讓寶寶熟悉乳房

一個大哭中的寶寶無法安靜吸吮，一個體驗過快速流速的寶寶也無法從剛擠完的乳房達到飽足感，這時母親要做的是要先讓寶寶熟悉乳房，不抗拒乳房。不要強迫寶寶在飢餓時吸吮，讓寶寶在吃飽想睡覺時含乳，建立寶寶對乳房的好感。

順應寶寶的個性

每位寶寶有不同的個性，有的溫柔循序，有的個性剛硬，面對不同的個性的寶寶，要由瓶餵轉親餵，遇到的狀況都不同。個性不同的母親在處理遇到的狀況也會有不同的結果。如果媽媽已經嘗試各種方式讓寶寶親餵但寶寶還是抗拒，或媽媽覺得自己擠奶比親餵寶寶簡單的多而選擇擠奶瓶餵，這其實就是一種餵食方式的選擇，既然做了選擇就去做，不要帶著遺憾的心情面對。

媽媽先把奶量建立好

吸吮是寶寶的本能，一個沒有接觸過乳房或奶瓶的寶寶並不知道乳房會有不同的形狀或乳頭有分長短，他並不是不喜歡母親的乳房，而是因為接觸奶瓶後知道有流速及口感上的區分。只要媽媽把奶量建立好，就不需要擔心寶寶抗拒乳房，透過專業的協助及母親堅持的毅力，寶寶一定會回到乳房，讓母親可以順利達成親餵的心願。

瓶餵轉親餵的做法建議

瓶餵最大的問題在於奶嘴的口感及乳汁的流速。當寶寶還沒有適應吸吮母親的乳房就接觸奶瓶時，寶寶第一個不適應就是奶瓶與母親乳房的流速不同問題。

TIPS

瓶餵轉親餵小技巧

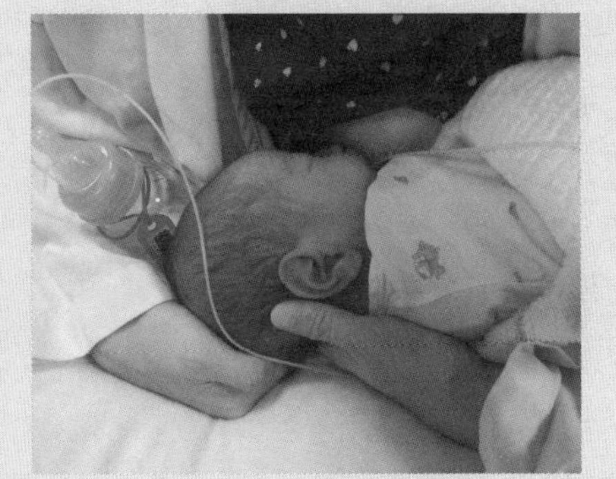

使用母乳輔助器。

- 不要在寶寶很餓的時候嘗試親餵。
- 先瓶餵一半的量，幫寶寶拍嗝，再嘗試含乳。
- 若寶寶願意含乳但母親的奶量尚未達到寶寶額外補充的量，母親可諮詢 IBCLC 國際認證泌乳顧問詢問母乳輔助器使用方式。
- 別讓寶寶害怕乳房、先瓶餵讓寶寶沒那麼飢餓，之後再回到乳房讓親餵變成每餐美好的結束。

親餵時，寶寶的吸吮是需要運用到舌頭及口腔肌肉的整合，透過吸吮增加寶寶口腔的協調，過程雖然費力但對寶寶的發展卻是最好的選擇。奶瓶餵食，餵奶的速度雖然比親餵快，但這並不代表這就是一件好事。親餵時母親滿足的是寶寶的食慾及口慾，新生兒最敏感的就是口腔，而親餵可以同時滿足了口腔運動、提供飽足感及新生兒需要窩在母親身邊的需求。

如果寶寶因為接觸了奶瓶而抗拒乳房，在寶寶飢餓時，建議不要勉強寶寶含乳。媽媽可以在寶寶從睡夢中快清醒時就抱過來餵奶，如果是抗拒比較嚴重的寶寶，建議先瓶餵一半的量、拍嗝、之後再嘗試親餵。當寶寶比較不那麼飢餓時，含乳比較容易成功。

漸進式瓶餵轉親餵

有些母親因為很積極想讓寶寶轉為全母乳，所以出院後，便馬上把補充的配方奶或擠出來的瓶餵母奶停掉。如果媽媽的奶量已經可以用刻度來計算，那或許頻繁的餵奶過幾天後便可以達到全親餵的目標。但如果媽媽的乳汁擠不出來，且寶寶尿量下降，這時在瓶餵轉親餵的過程中必須採漸進式的做法，以避免寶寶脫水或過度飢餓。

漸進式瓶餵轉親餵表（適用於由醫院返家後坐月子期間）

Day	寶寶瓶餵量	餵食方式	備註
1～3	寶寶瓶餵奶量 30cc	先瓶餵 10～15CC →拍嗝 →親餵 →如果寶寶感覺還是沒吃飽，再把奶瓶所剩的奶餵完	通常這種餵食方式的寶寶是採固定時間每四小時餵一次奶，媽媽需要約兩小時擠下次寶寶瓶餵的量（15cc） ＊觀察寶寶尿量，每天須有六片以上濕尿布
3～5	寶寶瓶餵奶量 20cc	先親餵（直到寶寶吸吮速度變慢） →換邊（直到寶寶吸吮速度變慢） →再次換邊直到寶寶不吸為止 →如果寶寶還是不滿足，再把奶瓶裡的 20cc 餵給寶寶	如果寶寶還需要補充瓶餵的奶水，媽媽必須持續擠奶 ＊觀察寶寶尿量，每天須有六片以上
5～7	寶寶瓶餵奶量 10cc	先親餵（直到寶寶吸吮速度變慢） →換邊（直到寶寶吸吮速度變慢） →再次換邊直到寶寶不吸為止 →如果寶寶還是不滿足，再把奶瓶裡的 10cc 餵給寶寶 如果寶寶親餵後就已經滿足，則依需求哺乳即可	如果寶寶還需要補充瓶餵的奶水，媽媽必須持續擠奶 ＊觀察寶寶尿量，每天須有六片以上

坐好月子為育兒生活打底

坐月子是產後傳統的習俗，用意是讓婦女分娩後可以有足夠的休息，讓身體可以盡快恢復至產前狀態。

一般民間普遍相信，產後如果未能做好月子，婦女的健康將有一輩子的影響。傳統習俗包括不洗髮、不洗澡、不爬樓梯、不碰冷水、不看書、不流淚、不吹風及許多飲食上的禁忌，這些對現代產後的婦女來說並不完全適合。

生產過程中，母親會流汗，與寶寶肌膚接觸後有寶寶身上殘留的羊水和胎脂，產後哺乳時體溫通常偏高容易流汗，如果因為傳統的約束而忽略母親的個人衛生，對現在的母親來說也是一件難熬且不舒服的過程。

畢竟現代的環境與古早時期不同，到底傳統的禁忌是否需要遵守，其實也需要靠每位母親自己的狀況來考量，不要忘了聽聽自己內在的聲音，你的身體會告訴你──什麼是你真正需要，不要因為要遵守不明原因的傳統習俗而導致自己不舒服卻又不敢反抗。

坐月子的選擇

坐月子時要多休息，但並不代表整天躺著不能動，適當的走動，每天曬曬太陽，對媽媽的身心靈恢復都會有很大的幫助。你可以選擇適合自己的坐月子方式。

在家做月子

生產後，產婦最能感受到的就是母親的偉大，如果自己的母親可以協助坐月子，那會是多麼幸福的一件事。吃著自己熟悉的味道，對母親可以不客氣的呼喚，母親餵飽女兒，讓女兒有充沛的乳汁哺育下一代，多美好的傳承。

如果自己的母親無法協助坐月子，或許婆婆可以，但女生們都知道，婆婆與媽媽終究不同，儘管婆婆多好，婆媳之間總有一點點距離，尊重長輩的關係總是與女兒對媽媽撒嬌不同，但可以確定的是，婆婆對孫子的疼愛是肯定的。

只要產婦知道自己坐月子時的工作是以照顧寶寶、哺餵寶寶為主，寶寶開心時婆婆可以協助照顧讓產婦有喘息的空間，但寶寶如果哭鬧或出現想要吸吮的表現，婆婆應該要把寶寶歸還給母親而不是沖泡配方奶。如果雙方對這點有共識，婆婆協助坐月子也可以很幸福。

到府月嫂

當家人無法協助照顧產婦時，坊間有許多到府月嫂的選擇，但找一個陌生人來協助照顧剛生產的母親及新生兒該注意些什麼呢？一個陌生人要融入一個家庭需要一些時間互相適應，當月嫂來到家裡協助時，第一個要溝通的就是，提出具體的工作範圍及介紹家裡的飲食習慣和起居作息。

月嫂的工作範圍到底包含什麼？過多的要求對產婦及嬰兒照護也有負面的影響。許多人以為花錢請月嫂就是請了一個會買菜、打掃家裡、煮飯、洗衣、照顧嬰兒、照顧產婦甚至還包括乳房護理，教導哺乳的完美幫手，但如果你認真思考到府月嫂的工作內容，月嫂的工作涵蓋了過多的領域，要完美的把工作做好，結果是會依母親的標準而有了不同的結論。

月嫂的工作認真分析下來，其實是總合了家庭幫傭（煮飯、清潔阿姨）及產後護理照護人員（新生兒照護、產婦照護、哺乳指導、新手父母育兒指導等）。月嫂不像自己的媽媽或婆婆，煮出來的口味是媽媽們所熟悉的。照顧寶寶的經驗從哪裡學習，乳房的照護真的是月嫂需要做的事嗎？一個十全十美的月嫂真的是可遇不可求，網路風評，朋友介紹是挑選的指標，但因每個家庭的狀況不同，標準也不同。與其要求做很多事，倒不如規劃好，什麼是需要月嫂做的及什麼是需要額外聘請專業人員協助的。

許多月嫂在協助哺乳的能力上稍不足，不能妥善的解決哺乳的問題，但又不知道什麼情況下該轉介，導致母親無法順利的成功哺乳，媽媽們應該要有這樣的認知，當你身邊的人無法解決你的哺乳問題，或當你覺得哺乳很困難時，尋求專業人員，例如 IBCLC 國際認證泌乳顧問或母乳親善醫師的協助是必要的。聘請月嫂與婆婆媽媽協助坐月子的標準一樣，協助照顧產婦，讓產婦有能力學習照顧好自己的寶寶。

月子中心／產後護理之家

月子中心是為生產母親提供專業產後恢復服務的場所，是許多新手媽媽坐月子的選擇，但俗稱的月子中心卻有月子中心及產後護理之家之差別。一般以月子中心為名的月子中心僅有商業登記、稅籍編號，月子中心內並不能提供護理人員的照護服務。而產後護理之家是有政府立案，必須擁有衛生局核發的開業執照，且有標示機構代碼才是合法立案的產後護理之家。

月子中心的價位會依中心所提供的服務、房型、裝潢、餐的食材、護理人員的照護而有所不同。許多母親認為生產後入住月子中心，把事情全部交給護理人員自己就能當個悠閒優雅的新手媽媽，殊不知入住後才發現，坐月子與自己所想像的完全不同。

雖然有護理人員可以協助但生理的脹奶反應、寶寶的照護都是很耗時間的學習過程，新手媽媽並不完全只是吃飽睡、睡飽吃。頻繁的餵奶過程、寶寶喝到睡著、擠奶的時機、處理腫脹的乳房、幫寶寶換尿布、拍嗝、該把寶寶放在身邊還是放嬰兒室等，都是住月子中心的媽媽需要思考及面對的問題。與在家坐月子不同的是，提供的服務越多，媽媽需要思考的事情就越多。

挑選一個符合標準的產後護理之家

挑選產後照護機構跟挑選生產醫院一樣重要，產後護理之家需要符合立案規範，經營者的理念會影響機構的服務品質。

母嬰親善的政策

一間符合標準的產後照護中心，除了讓母親可以在最舒適的環境恢復體力外，更重要的是必須訂定母嬰親善的政策，讓母親可以學習照顧寶寶、順利哺乳。在月子中心，很多產婦會把嬰兒交給嬰兒室讓護理人員照顧，殊不知寶寶最想待的地方就是自己母親的身旁。

母親與寶寶 1：1 的照護品質永遠超出嬰兒室一個護理人員對好幾個寶寶的照護。在母親的身旁，孩子可以依需求哺乳，想要撒嬌，媽媽就在身旁馬上回應。而在繁忙的嬰兒室裡，總是要等到護理師阿姨有空檔才能來解決寶寶的問題。在母親的身邊最舒服且對寶寶來說，最沒有壓力，嬰兒室滿足的只是寶寶的基本生理需求。

有些月子中心會有二十四小時親子同室，或寶寶完全留在嬰兒室的選擇，這兩項表面上看起來是讓媽媽做出選擇，但實際來說是強迫媽媽把寶寶留在嬰兒室方便管理。

選擇月子中心或產後護理之家時需注意，不管房間裝潢得多漂亮，如果不能有彈性的政策，媽媽需思考的是，該中心的人手是否足夠的問題。

適度休息

媽媽們或家人們會認為，花錢到月子中心就是要妥善的休息，如果還要照顧寶寶那媽媽該怎麼休息呢？沒錯，寶寶會頻繁的喝奶、常常要換尿布、或許有時會吐奶、常常需要安撫，但這些繁瑣的辛勞會在寶寶給你一個微笑時化為零，你會全心全意、心甘情願地繼續為這小寶貝完全的付出。

這種溫暖的感覺不是每四小時到哺乳室餵奶，或是隔著玻璃看著寶寶就可以感受到的。媽媽需要學習的是，如何用讓自己以最舒適的姿勢來哺餵寶寶；請護理人員教導躺餵的方式，學習如何一邊睡覺一邊餵奶。

一開始的手忙腳亂在第三週時漸漸會好轉、生理的乳房腫脹也會改善、寶寶的作息也會比較規律，這時媽媽就有時間開始規劃返家的計劃，請嬰兒室短暫的照顧寶寶，讓母親可以外出採購或跟爸爸去外面透透氣，媽媽會有更多能量回來照顧最需要照顧的小寶貝。

哺乳筆記

寶寶滿月後
奶量的建立・媽媽心態的調整

母乳可以餵多久？這個問題其實每個媽媽心中有自己的想法，有些母親很享受哺餵孩子的時光，當孩子離乳時還會感到有些失落，但有些母親是在情況所逼的狀態下必須提早結束哺乳，這些母親的心中常存在著無奈的遺憾。

母乳哺育該多久？

母乳哺育該多久？有些媽媽是返回職場不方便擠奶而提前強迫離乳、有些是媽媽身體狀況問題導致提前離乳、有些是寶寶要返鄉讓老人家照顧而不能哺乳、也有聽過因為要照顧老大所以沒時間餵老二而離乳、最常聽見的是六個月後母乳沒營養要換配方奶而提前離乳。媽媽們要記得的是，哺餵母乳對媽媽及寶寶的健康都有一輩子的影響，輕易決定或受別人影響而離乳前，需謹慎思考是否有其他的辦法來解決當下的問題，讓寶寶可以持續受到母乳的保護。

持續哺乳對寶寶的益處

WHO 世界衛生組織對母乳哺餵的建議是，純母乳哺餵至六個月，六個月後持續哺餵母乳並添加副食品至兩歲，或依母親及寶寶的需求來決定。哺餵母乳有時並不是依照母親心中的完美規劃來進行，當哺乳遇到問題時，可以確定的是，儘管是搭配配方奶餵食，持續給予母乳對寶寶的健康仍有非常大的助益。

- **如果媽媽哺餵寶寶幾天的母乳：**寶寶就會攝取到營養的初乳，提供抗體及營養來滿足營養及建立新生兒的免疫系統。

- **如果媽媽哺餵寶寶至滿月：**寶寶將會在母乳的保護下度過最關鍵的時期，讓新生兒不容易受感染，減少住院治療的問題。且四至六週後，母親的哺乳狀況也漸入佳境，解決了早期哺乳的問題。

- **如果媽媽哺餵寶寶三到四個月：**寶寶的消化系統已更成熟，讓寶寶準備好接受外來食物對腸胃道的刺激，全母乳哺餵至四個月可防止過敏，並可降低感染中耳炎的風險。

- **如果媽媽哺餵寶寶至六個月：**純母乳哺餵不添加任何其他食物或飲料，媽媽已幫寶寶打穩了第一年的健康基礎，減少中耳炎的感染及兒童癌症的風險，同時也降低了母親罹患乳癌的風險。

- **如果媽媽哺餵寶寶至九個月：**媽媽將會看到透過母乳的營養提供寶寶腦部及身體發展最重要的過程。哺餵母乳至九個月能確保孩子在學習過程中表現得更好。在這階段離乳或許很容易，但持續哺乳也是，如果媽媽要避免提早離乳，媽媽必須確認哺育孩子的過程不只是提供營養更重要的是寶寶心靈上的需求。

- **如果媽媽哺餵寶寶至一年：**媽媽就能省下添加配方奶的繁瑣過程及費用。一歲的寶寶已經可以接受大部分家庭正常的食物，這一年的哺乳，在多方面提供寶寶健康的保護，寶寶有較強的免疫系統，且在頻繁的吸吮下，寶寶的口腔發展也比較好，在語言及口腔上可以省下許多治療的費用。哺乳一年可提供寶寶正常的營養與健康的保證。

- **如果媽媽哺餵寶寶至十八個月：**寶寶將會持續得到母乳所提供的營養及抗體，哺乳時的舒適及心靈的安撫，減少疾病的發生，或當寶寶生病時母乳所提供的抗體能幫助寶寶快速恢復。這時期的寶寶應該已建立正常的飲食習慣，哺乳能提供的除了抗體之外，更重要的是與母親的親密感，這是寶寶邁向獨立很重要的一個環節，當寶寶準備好或媽媽想要停止哺乳時，媽媽與寶寶就能互相溝通，一起達到和平離乳的階段。

- **當孩子準備好離乳時：**媽媽可以確保孩子的身、心、靈都達到一個非常健康的狀態，母親以一個健康的方式滿足寶寶的身體和情感的需要。在沒有離乳壓力的情況下，母親與孩子可以共同決定母乳該餵多久，哺乳時間越長對寶寶的健康幫助越大。

哺餵母乳會遇到的狀況不少，但只要母親努力過，且評估過這是最適合自己的狀況，媽媽的心中應該對自己哺餵母乳的過程感到欣慰而不需要存在著疑慮及遺憾。

新生寶寶的睡眠

說到睡眠，在產後初期媽媽會覺得自己的睡眠一直被干擾，哪有什麼睡眠品質可言！媽媽通常在這時候才會發現，沈睡中的寶寶是有多麼的可愛。有些書籍會建議依照計畫訓練寶寶的睡眠，但事實是你唯一需要依照的是寶寶的計畫。

如何應付前幾週的睡眠不足？

產後初期，說的是產後前五至六週左右甚至到產後三個月，疲憊、失眠是產後常見的狀況，這是寶寶來到這家庭後家人都必須面對的事情，頻繁醒來的寶寶影響著全家人的睡眠，但當父母的也只能接受這事實。聽起來很慘忍但這是事實，知道事實會比以為寶寶都安靜睡覺的謊言實用。

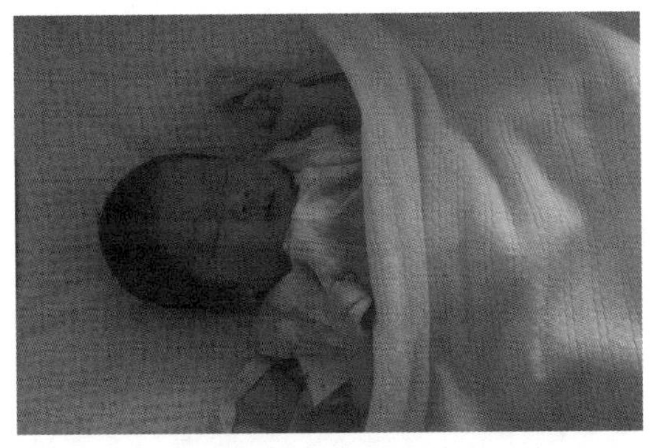

新生寶寶不規律的睡眠常會讓爸媽睡眠不足。

新手父母常常睡眠不足這並不是新聞，而你的家庭並不會不同。沒有一個寶寶出生後就知道白天或黑夜，他們住在子宮裡九個月，出生後需要一些時間來適應地球上的生活。他們每二至三小時需要哺餵一次，這包括夜裡，爸媽們越早接受這時事實，就能越早做好心理準備。

學習對應早期的失眠及疲憊會讓父母親保持冷靜，享受你的寶寶。現在的狀態是處於對事情不要有太高的期待時期，這不會是永遠的，幾個月後你就會與寶寶一起建立一個屬於你們自己的規律，但這一切需要時間與耐心。

你一定會聽到其他寶寶已經自己睡過夜，或被訓練睡過夜的故事，但以寶寶的生理成熟度來說，這才是屬於不規律的，大部分的寶寶都還是處於自己獨有的規律，即使這對其他人來說是不規律。

有些睡過夜的故事並不完全是你想像的睡過夜，在競爭激烈的社會裡，睡過夜的故事有可能被誇大，你完全不需要拿自己的寶寶與其他寶寶做比較，這只會造成你更多的焦慮。失眠是新手父母最難適應的一件事，這就是為什麼讓寶寶睡過夜會是一個熱門的話題。除非你一直有家人可以協助，不然產後你必須適應無法睡到飽的生活，但相信我，你一定可以做到，每個媽媽都會，這是母性的力量。

有效的親子補眠法

在產後一週，每次只睡二至三小時片段是正常的，一開始媽媽會覺得頭重重的，總是感覺像被大卡車輾過一樣，但你會漸漸習慣這樣的生活作息，學會如何快速補眠，學會與寶寶一起補眠，寶寶的睡眠會慢慢延長。

嘗試輪班制的照顧方式：寶寶不需要每次都要爸爸及媽媽一起照顧，父母親輪流照顧寶寶、輪流休息，一比一的照顧比例已經非常足夠了。

和寶寶一起入睡：沈睡中的寶寶通常會讓爸媽覺得非常可愛，但寶寶睡著時爸媽也應該一起補眠，不需要看著安穩睡覺的寶寶擔心他何時會醒過來，趁寶寶睡覺時爸媽也一起睡覺，這樣當寶寶清醒時，爸媽才有足夠的體力照顧寶寶。

盡量避免攝取太多含咖啡因的飲料：咖啡因或許能讓頭腦清醒，但當你有機會睡覺時，太多的咖啡因會影響短暫補眠的機會。

不要拿別人家的寶寶與自己的寶寶做比較：每個寶寶的個性不同，況且比誰睡得比較久又有什麼意義呢！

切記！失眠的狀況是短暫的：產後初期在寶寶睡覺時跟著休息會讓媽媽精神好一些，面對寶寶頻繁清醒需要抱抱安撫也比較能接受。

寶寶一天的睡眠時間

媽媽通常會知道寶寶是否睡足夠的時間，睡飽的寶寶很和平、很好相處，媽媽帶起來感覺不會很疲憊，這種感覺只有媽媽知道。有些睡眠書籍可能會建議寶寶一天需要睡十六個小時，但這並沒有標準答案或強制的規定，寶寶的睡眠可長可短。新生兒一天會有多次的短暫睡眠加上一至兩次比較長的睡眠，大約六個月後寶寶睡眠就比較固定，早上補眠一次、下午再補眠一次，有些半夜還會起來喝奶、有些睡到清晨才醒來。

睡覺不是一個競賽，也不能代表母親照顧嬰兒的能力，每個寶寶有自己的習慣，有些會依照大人的時間表走，有些完全不會，但不管睡眠時間對媽媽來說是好或者不好，對寶寶來說都是自己正常的睡眠模式。

固定作息有助媽媽理解寶寶

曾經有位媽媽告訴我，他的一個月大寶寶已經可以睡過夜，當我正想開口詢問他是否做了什麼訓練時，媽媽說，隨便寶寶決定他的過夜是幾點。沒錯，這位媽媽選擇了用很輕鬆的態度去面對寶寶睡眠這件事，並不是每位媽媽都能這麼輕鬆的面對寶寶的生理時鐘與自己不同的事，訓練寶寶有個規律的作息，變成了一件媽媽覺得應該且必須要做的事情。

寶寶需要被訓練嗎？寶寶真的可以被訓練嗎？固定的作息是媽媽們在懷孕時完全沒想過的事情，但寶寶出生後，好像寶寶如果沒有依照大人們的想法做，很容易就會被認為是難搞的寶寶。

新生兒易習慣自己被照顧的方式

與其說是訓練寶寶，不如說新生兒很容易習慣自己被照顧的方式，常常被抱在身邊喝奶的寶寶，會很享受與媽媽親密接觸的安全感，喜歡被媽媽擁抱的感覺；瓶餵的寶寶滿足了食慾後通常會被放回嬰兒床，寶寶並不會抗議，但他會學會這樣的照顧方式。當照顧寶寶的方法是規律時，同時也會建立寶寶對於這種照顧方式的習慣。有個固定的作息代表著寶寶會每天在固定時間喝奶、睡覺或清醒，讓媽媽比較容易猜測寶寶想表達什麼。

訓練寶寶有固定作息並不會讓寶寶心情好一點、比其他寶寶聰明一點，在沒有規定作息的照顧方式下，寶寶也不會比較差。到底哪一個才是建立寶寶固定作息最好的方式？其實這沒有一個正確的答案，每位媽媽的心中有著自己的想法，這跟媽媽的個性有很大的關聯，有些人喜歡把事情都安排就緒，所有事情都按照行程走，但有些人的個性是自由且鬆散，事情遇到了再處理。

作息不應建立在寶寶的哭泣聲上

對於寶寶是否需要有固定作息，沒有一定的規律、沒有對與錯、媽媽只要依照自己內心的感覺及寶寶回饋的反應去做調整，找出一個最適合自己的作息。但重點是這作息的建立不應該由寶寶的哭泣聲來換取，放著寶寶哭泣並不會讓你有個比較好照顧的寶寶，相反的，寶寶會學會用大哭來表達自己的不滿。我相信，沒有人喜歡愛哭的寶寶而要避免寶寶愛哭的唯一方式就是別讓寶寶需要用哭聲來傳遞他的感受。

其他寶寶的規律作息在你的寶寶身上可能不適用，

TIPS

別急著讓孩子有規律作息

新生兒的作息在六週以後才會比較規律，剛出生的嬰兒不懂白天或黑夜，但會表達餓了、髒了或者是不舒服，有時候，新手爸媽很難看懂寶寶到底要的是什麼，需要反覆的觀察與猜測，餵了又餵、尿布看了再看、孩子抱起來又放下，猜不到孩子需要的是什麼。

想把寶寶套入其他人的時間表，會讓照顧者忽略了觀察自己寶寶的反應，這種做法不但寶寶不能適應，媽媽也會覺得自己沒辦法搞定寶寶。聆聽寶寶的哭聲、觀察寶寶的反應、安排固定時間做相同的事情，寶寶會習慣媽媽的規律，相信自己對寶寶作息的安排，如果感覺是對的，那就是最適合的做法。

睡前讓寶寶瓶餵可以讓寶寶睡過夜？

睡眠不足是新手父母最擔心的問題，然而寶寶半夜起來喝奶卻又是正常且必要的現象。有些母親會聽旁人的建議，在睡前讓寶寶瓶餵或補充配方奶，或許寶寶喝飽一點睡眠時間會延長，但睡前頻繁的哺餵寶寶，讓寶寶喝到更多母乳或許是更好的做法。

有些寶寶在補充瓶餵或配方奶後還是很頻繁的起來，他們醒來的原因並不是餓了或許尿濕了、發現媽媽不見了、太冷或太熱、或者吃太飽造成腸胃不舒服也會讓寶寶頻繁醒來。最好的做法還是觀察寶寶，依寶寶的需求哺乳，半夜用躺餵的方式哺乳，媽媽和寶寶都能睡得安穩。

寶寶需要陪睡工具嗎？

在醫院時，媽媽常被教導，把寶寶緊緊包起來能夠讓寶寶睡得安穩一點，如果寶寶口慾強，很快的奶嘴就會被塞進寶寶嘴裡，親餵的寶寶可以頻繁的餵食，同時滿足了口慾與食慾。

回到家後，媽媽會在晚上幫寶寶保留夜燈，播放著輕柔的音樂從寶寶水晶音樂到能夠增加寶寶 IQ 的莫扎特，媽媽所做的每一件事情其實都是在幫寶寶養成一種習慣。跟培養規律作息一樣的是，媽媽怎麼做都沒有對錯，但當寶寶的習慣養成後，如果忽然被拿走或取代，寶寶可能會不習慣。

不是所有的寶寶都需要陪睡工具，但他們會有固定的睡眠流程，比如說晚上睡前最後一餐，媽媽可能會幫寶寶沐浴、餵奶然後睡覺。寶寶睡前不是一定要先洗澡，但媽媽嘗試過後可能會發現，洗完澡寶寶睡得比較好，而寶寶也習慣了這樣的流程，也不見得需要任何輔助工具才能睡著。

如果你不希望寶寶養成任何一種習慣，那就別給他養成習慣的機會，不想讓寶寶吸奶嘴，一開始就別給奶嘴；不想讓寶寶含著奶睡覺，就餵奶後讓他玩一下再睡。如果真的要給陪睡的工具，選擇一個容易取得、容易替換的，當母親變成唯一能夠安撫寶寶入睡的人時，寶寶在與母親分開時就很不容易入睡。

當寶寶的睡眠模式亂七八糟時

或許有一天你會在清晨醒來，發現自己整晚都沒離開過你的床，你的寶寶整晚都沒吵你，而你卻快速地跳起來看看寶寶是否還有呼吸。這就是父母親矛盾之處，寶寶睡也不是、不睡也不是，睡太多時擔心寶寶為什麼一直睡，睡太少時又擔心這樣睡眠不夠是否會長大。

當寶寶睡眠模式亂七八糟時，媽媽必須回到像照顧新生兒一樣的模式，從頭開始建立睡眠習慣，或許是固定的流程，或是陪睡的安撫棉被、娃娃、奶嘴等。一步一步從頭開始調整，每次的做法固定，讓寶寶接收到這就是要睡覺的訊息。

有時候，爸爸或其他家人或許比媽媽更能夠讓寶寶入睡。當媽媽覺得讓寶寶睡覺是一件難搞的事情時，寶寶也會感受到媽媽的焦慮，其他人的安穩程度或許更能夠安撫寶寶入睡，媽媽只需要勇敢的放手讓爸爸嘗試。

如果媽媽從親朋好友或是網路上發現可以訓練寶寶的睡眠方式時，切記不要一次改變太多，平常是媽媽抱著入睡的寶寶忽然需要自己關在房間沒人理會時，不會更容易入睡，反而會強烈的抗議，哭到媽媽放棄為止。這種做法只會讓寶寶睡眠更加惡化，因為寶寶常常會醒來確認媽媽是否還在身邊。

當寶寶睡眠亂七八糟時，並不是媽媽的錯，所以不要對自己太嚴苛，把所有的責任都扛在身上，如果你的寶寶非常不容易安撫，緊緊的抱著會比對立的看著更有幫助。

時間能夠解決一切，給寶寶時間去學習你想要的睡眠習慣，或許是一天或許是一個月，但總有一天會達到你的要求，在那之前你只能一天一天的接受，一點一滴的改變。

照顧寶寶從照顧好自己開始

母職這工作，一週七天、一年三百六十五天、一天二十四小時、全年無休，這是世界上最辛苦但也是最有成就感的工作。這全年無休的工作只有母親才會願意接手。從換尿布到安撫寶寶、哺餵母乳到副食品、食衣住行育樂，媽媽總是不厭其煩的滿足孩子的慾望，想給孩子最好的，這角色，沒親身體驗過的，一定無法感受到當母親的辛勞。

有些母親在產後必須很快地返回職場，但下班回家後並不能翹腳看電視，跟母親分開一天的寶寶會粘著媽媽不放，媽媽通常只能簡單吃個飯，再來就是忙著幫寶寶洗澡，準備寶寶睡覺及明天媽媽上班時寶寶需要用到的東西，包括擠奶、準備副食品，洗澡也只能快速解決，因為你不知道寶寶什麼時候會哭，需要你的安撫。

一天二十四小時的時間連睡眠都會被打斷，睡過夜已經是媽媽們夢寐以求的事情。媽媽們這樣的付出不累嗎？如果有機會問媽媽們如果人生可以重來，你會希望改變什麼？很多人都會說，不要結婚不要生小孩。與其當媳婦當媽媽不如在家當女兒好。因為自己的媽媽就

照顧小孩很累，但絕對不會後悔。

是這樣不斷的付出來滿足你的需求。但如果又問你會後悔生小孩嗎？看著自己的寶貝，媽媽們一定都不會後悔，照顧小孩很累，但絕對不會後悔。

適時營造媽媽的小確幸

但滿足了所有人的需求，那媽媽自己的需求呢？什麼時候媽媽才能找回自我，優雅的喝杯茶吃頓飯？寶寶總是會用那可愛甜美的微笑來換取母親無條件的犧牲；但媽媽總有累的時候，總有會想要有自己短暫自由空間的時候，當媽媽被磨到很累，面對孩子的心情是煩躁的；當媽媽煩躁時，對孩子的耐心也會減少，對孩子哭鬧的包容度也會降低。

學習適時的用小確幸補償自己，幫自己買個小禮物、帶著孩子走出門、參加親子團體。雖然帶孩子出門很累，但到孩子以外的世界與智商高於兩歲以上的育兒夥伴吃吃飯、聊聊天回家後心情會開朗許多，在家照顧小孩也可以很快樂，孩子會因為媽媽快樂而快樂。

你可以尋求幫助

當生活壓力超過你可以承擔時，尋求幫助是個聰明的選擇。生產後，媽媽與婆婆通常會是第一個在身邊且願意提供協助的好幫手，有些媽媽選擇月子中心、月嫂，甚至有媽媽會選擇保母來陪伴老大，但這些好幫手通常在媽媽滿月那天消失，這才是累的開始。

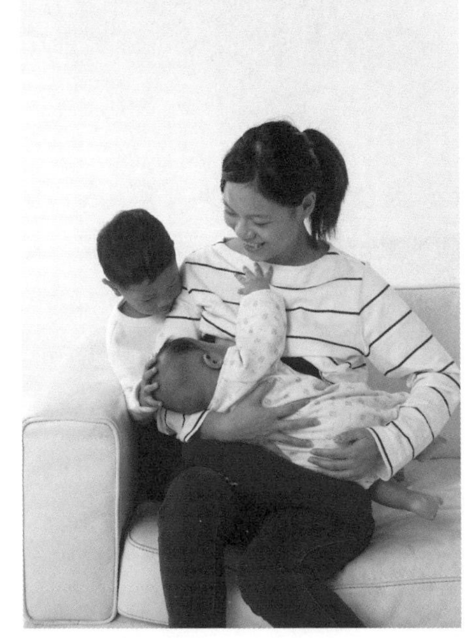

坐月子時也別忘了陪伴老大。

坐月子時要媽媽盡量休息的規定會讓身旁的人認為媽媽們產後已經休息一個月，身體應該恢復到原來的狀況。但自從寶寶出生以來，媽媽們半夜需要起床滿足寶寶的需求並不能讓媽媽有很好的睡眠狀態。

產後真的一個月身體就能恢復到懷孕前的狀態嗎？有生過孩子的媽媽都知道，其實再也回不去了！不是指身材回不去，而是當媽媽後心靈上的成長，總是處處替其他人著想。身心靈的疲憊讓媽媽總是披頭散髮、衣裝不整。需要返回職場的母親更是經常拖著疲憊的身體返回職場。

當這麼多事情需要媽媽處理時，尋求幫助是必要的。管家清潔人員或許是第一選擇，在照顧孩子初期，如果有人可以協助打理家裡的雜物，媽媽的心情會輕鬆許多，老公下班也不用疲憊的整理家務，一家人可以享受相處的美好時光。學習照顧寶寶需要時間適應，真的忙不過來，記得要求救，不管是家人的協助或是花錢請人協助，知道尋求幫助的母親才是會為自己的生活規劃的母親，這樣的母親才能有更多的能耐來照顧家庭的一切。

全職媽媽的生活

是什麼原因讓媽媽選擇成為全職媽嗎？不喜歡一成不變的辦公生活？還是捨不得錯過小孩的成長點滴？許多人都很羨慕全職媽媽，以為全職媽媽的工作輕鬆容易，還可以在家看電視睡覺！其實全職媽媽的生活並不輕鬆，每天面對小孩的煩躁與不耐和路人所理解的過太爽生活真的落差很大。

時間都去哪兒了？

全職媽媽的一天二十四小時好像很不夠用，從天還沒亮就開始餵奶、煮飯，到了中午又是餵奶、煮飯、幫孩子換尿布、陪孩子玩、洗衣、曬衣、哄孩子睡覺；好不容易孩子睡著，媽媽們想要自己好好吃點飯、喝杯茶休息一下，孩子又醒了，接下來又是餵奶、換尿布、幫孩子洗澡、陪孩子玩、收衣服、煮晚餐。這樣的生活每天循環好多次，連睡覺都時間都不夠了，怎麼還會有時間逛街聊天呢？

全職媽媽的時間到底都跑到哪裡了？為什麼時間總是這麼不夠用呢？原本只需要照顧自己的小姐，在產後短短一個月開始需自己面對照顧寶寶及家庭的生活，也難怪時間不夠用。上班加班還有加班費，但照顧寶寶這份額外的工作對全職媽媽來說，只有更多的時間與體力的付出。

世界上最可愛的人

如果全職媽媽的工作這麼辛苦且無償，什麼原因讓母親們願意放下一切來承擔這角色呢？自己生的自己顧、薪水不夠，如果寶寶請保母照顧，不僅需要支付保姆費還喪失了陪伴寶寶成長的機會？

在繁忙枯燥一成不變的生活中，總是會出現一些暖暖的時段，讓媽媽可以忘記所有的辛勞繼續為家庭付出。寶寶的每個擁抱，每個動作、每一個甜美的微笑、豪邁的大笑、大便時搞笑的表情、發出的每一個聲音，這些表情對媽媽來說都是甜美的回饋。有什麼比看到自己寶寶健康的笑容更能融化媽媽的心，生活不管多累、多枯燥、多忙碌、多美好、多快樂，全都是因為身邊這位全世界最可愛的人，將來不管多大，住的多遠，這感覺會一直存在母親的心中。

享受哺乳的感覺

如果你問母乳媽媽哺乳是什麼感覺，大部分的媽媽都會說，他很享受哺乳的感覺，那種寶寶依偎在身邊的感覺，聞起來香香的感覺，抱起來軟軟的感覺，哺乳媽媽很享受那種很了解自己寶寶的感覺，也很享受寶寶在懷裡喝奶的感覺。這些感覺是來自內心的感受，身體或許是疲憊的但心是暖的。

哺乳的生活或許疲憊但是幸福，因為哺乳讓媽媽與寶寶的心更接近，讓需要媽媽的寶寶可以隨時粘著媽媽。第一次哺乳的感覺在很多

媽媽專屬的幸福哺乳時光。

人的記憶中或許不是那麼的美好，但當寶寶離乳時，媽媽的內心卻存在著一種失落感。

會失落是因為——曾經媽媽與寶寶都那麼的享受這一段過程，也因為享受著這感覺，當要失去時內心才會有怪怪的感受，但這失落感並不會一直存在，談到哺乳，那種暖暖的感覺會一直存在媽媽的心裡，永遠！

照顧寶寶的初期生活會很混亂，但日子會好轉，與其在家哀愁，倒不如帶著孩子挑戰世界。產後外出第一站：7-11，你可能很難想像到便利商店有這麼困難嗎？其實光要自己一人帶著寶寶外出，就是一個很大的挑戰了。

安排一個讓人羨慕的生活

寶寶總是會在你打扮完畢要抱起他時拉了你頭髮一把，當你好不容易把頭髮重新整理過後，他可能又大了一身便，好不容易清理完畢、換好衣服，他又要喝奶，餵完奶把寶寶抱起來時又吐了你一身，這時出去逛逛的心情應該都滅了一半，等你一邊哄寶寶一邊換衣服，寶寶又不耐煩想睡覺了。

帶著寶寶出門媽媽心情可以很美麗。

第一天挑戰失敗！不過沒關係，每天都可以是外出挑戰的第一天，相信我，一旦跨出去那個大門，以後出門保證容易許多。選擇親子友善的景點開始挑戰，百貨公司、圖書館、公園、書店、美食街、離家裡最近的便利商店，從走路、搭車，到開車，媽媽可以慢慢規劃出一個多采多姿的全職媽媽的生活。

讓枯燥的生活多點色彩，帶著寶寶出門不但媽媽心情很美麗，寶寶也可以認識媽媽以外的世界。規劃出一個讓人羨慕的全職媽媽生活，這種生活就是路人眼中的全職媽媽日子，很爽的生活，但在開心也是過一天，悲傷也是過一天的生活中，選擇開心過生活的媽媽才是有智慧的媽媽，別太在意陌生人的眼光， 照顧好寶寶同時活出自己才是你要的目標。

返回職場的準備

全職媽媽是全世界最辛苦的工作，返回職場有時對媽媽來說是個喘息的空間。當然在職場需面對的又是另一個挑戰，回家後可能還需要扛起打掃家裡及照顧寶寶的責任，但這狀況會依個人情況而改變，在忙碌的生活中找到一個最適合自己的平衡點會是最好的決定。

奶量的建立

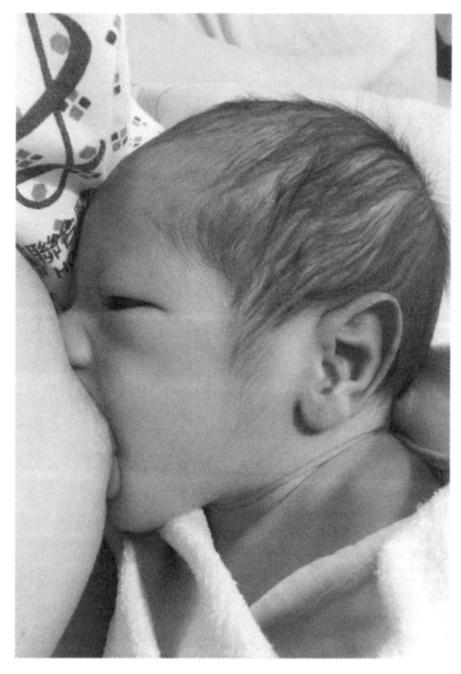

產後一週多吸吮能建立奶量。

返回職場所需要做的準備會依寶寶的年齡有所改變。寶寶越小，媽媽需要準備的就越多。離開寶寶的心理準備、寶寶離開母親的準備、工作上的準備、乳房的準備、擠乳器、儲存的容器等都是需要事前細心規劃及慢慢調適。

奶量建立的黃金時段是在產後一週，產後頻繁的讓寶寶吸吮不但可以安穩寶寶的情緒更能建立起源源不絕的奶量且能讓乳汁流速順暢。

產假期間的奶量平衡與儲存

供需平衡是哺乳的完美搭配，礙於產假太短的問題，返回職場的母親被迫提早擔心，返回職場後是否可以有足夠的乳汁給寶寶喝的問題，媽媽們不僅要把奶量建立起來，還要能有可以儲存的奶量。

到底要怎麼做才能儲存足夠的乳汁？學會正確擠乳對上班媽媽來說是很重要的一件事，除了奶量的建立之外，正確的擠乳可以避免媽媽的手因為擠乳而受傷。學會正確擠乳後，建立一個頻繁且規律的擠乳時間表，就能夠在返回職場前儲存一些備用乳汁。

在供需平衡中儲存備用母乳

擠奶方法

產假期間，有兩個時段比較容易擠出額外儲存的乳汁：

1. 早晨起床的第一次餵奶（約上午 7 點），餵完寶寶後立即擠乳。
2. 寶寶睡眠較長的時段（24 小時中寶寶睡眠最長的那次，媽媽可以趁機擠出需要儲存的乳汁）。

因為寶寶睡眠狀況比較不容易預測，清晨第一餐後擠奶是比較容易達成的目標。泌乳激素在夜間分泌旺盛，早上起床媽媽的奶量通常是最多的，在清晨擠乳可以讓身體建立需要製造更多乳汁的需求。在開始擠乳的前幾天或幾週，媽媽可以擠出的奶量或許不多，但放輕鬆，只要持續下去，媽媽會看到每天的母乳量持續增加。

儲存方式

每次擠出來的母乳可以儲存在奶瓶或集乳袋中放進冰箱冷藏，等到儲存的母奶足夠寶寶一餐的量時，再將母乳標註日期並放進冷凍庫儲存。

擠乳的初期，把乳汁依照擠乳的順序排列，先進冷凍庫的母乳優先使用以避免過期，但當母親上班時如果每天產量已經足夠隔天的食量，建議可以用「今天擠的明天喝」 的方式，讓寶寶可以喝到較新鮮的母乳。

這樣的擠乳方式持續幾週後，冷凍庫應該會有足夠的備用母乳讓媽媽可以放心的返回職場。

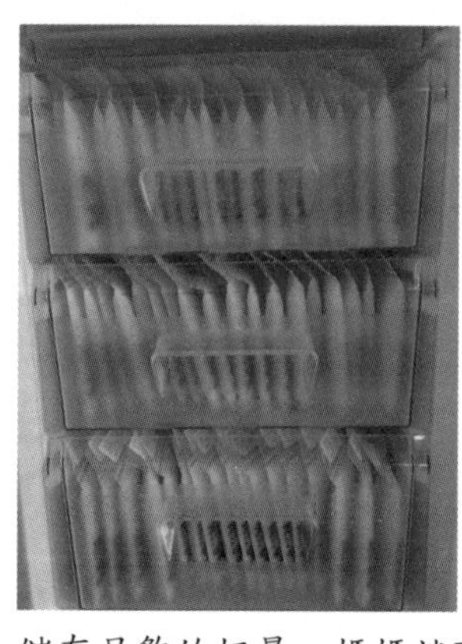

儲存足夠的奶量，媽媽就可以放心返回職場 。

上班時要擠多少才是足夠的量？

這個問題其實不難，但對很多上班的媽媽來說卻是很困惑的。簡單來說，擠出「寶寶不在身邊時所需要的奶量」就是足夠的量。每位媽媽的狀況不同，需要擠出的奶量也會不同。寶寶離開媽媽的時間越長，需要擠的量就越多。

第一天返回職場的母乳產量是最難預估的，當媽媽冷凍庫有庫存的母乳時，第一天的壓力就不會這麼大，要適應返回職場的工作與平衡工作及擠乳，雙重的壓力會讓母親產量變少或是擠不出來。返回職場的前一週，媽媽在家即可開始模擬上班擠乳的模式，讓身體知道什麼時間點是擠乳時間，該擠乳就去擠乳，這樣的做法才不會在上班第一天就遇到乳房不適應、媽媽因為不好意思去擠奶而產生乳房腫脹或阻塞的問題。

TIPS

乳房會讓你知道什麼時候該擠奶

有些媽媽會擔心如果某天早上寶寶粘著媽媽不放，讓媽媽沒有額外的時間擠乳，會不會奶量又建立不起來？擠奶的規律作息對奶量的建立很重要但媽媽們可以不需要那麼緊張，如果那天剛好寶寶比較需要你的陪伴或媽媽覺得真的不想要額外擠奶，讓自己稍微放個假，你的乳房會讓你知道什麼時候該擠奶了！當乳房有腫脹的感覺，記得要趕快餵寶寶或是擠奶。

上班要擠多少量？計算寶寶的奶量

如何評估寶寶的奶量，是許多新手媽媽常有的疑問。親餵的寶寶，媽媽不需要太在意喝進去的奶到底有多少 cc，只要評估寶寶每天有六片以上的濕尿布，媽媽就可以放心的餵。

當媽媽需要回職場或寶寶需要瓶餵時，媽媽很希望知道到底該給寶寶多少奶？一般很少會看到吃不夠的寶寶，但是常會有被過度餵食，一哭就餵，餵到吐的寶寶。照顧者需學習聆聽寶寶的哭聲及觀察寶寶的反應，不要把寶寶的哭聲與沒吃飽做連結，一哭就餵造成過度餵食的情況發生。

如何計算寶寶的奶量？

新生兒奶量

- **產後前二天：**每次奶量約 4 ～ 8cc，大約 2 小時餵食一次（白天晚上都要餵）
- **產後三天：**每次奶量約 15 ～ 20cc，每 2 小時餵一次（白天晚上都要餵）
- **產後五天起：**寶寶 24 小時的營養需求是體重每公斤約 90cc 奶量

例如： 3 公斤的寶寶，每 3 小時餵一次（一天要餵 8 次）

3kg x 90cc = 270cc （一天總奶量）

270 ÷ 8 = 33.75 （一次大約 35cc）

滿月後的寶寶奶量

體重 X 150cc= 一天的總奶量

例如： 4 公斤的寶寶 每 3 小時餵一次（一天要餵 8 次） 每次奶量 75cc

4X150=600

600 ÷ 8 =75cc

體重 x150cc = 一天總奶量的公式，適用於寶寶體重達 5 公斤為止。一般來說，5 公斤以上的寶寶每天攝取量 750 ～ 1000cc 都屬於正常的範圍。

寶寶的奶量不會持續增加，較容易操作的方式是以每天總奶量，大約 750cc 加減來計算。

給寶寶瓶餵適應期

媽媽們會發現，一開始是全親餵母乳的寶寶，瓶餵初期寶寶能喝的奶量並不多，照顧者需要很有耐心的去調適，讓寶寶可以適應媽媽不在身邊而需要用奶瓶餵食的喝奶模式。大約一星期的時間，寶寶就會比較習慣媽媽不在身邊的餵食方式。

哺育母乳
乳汁的儲存及運用

很多人都說哺乳好辛苦，到底是哺乳辛苦還是產後支持系統不足導致媽媽感到辛苦呢？不論是哪一種，學會哺乳的姿勢及技巧都可以幫助你在哺乳的過程中更順利。

哺育母乳的姿勢

寶寶自己含上乳房聽起來或許很神奇，你可能會認為新生兒怎麼有能力自己找到乳房，但哺乳的第一個感動的確是來自寶寶含上乳房的那一刻，只要媽媽給寶寶時間及機會嘗試，要寶寶自己找到乳房絕對是有可能的事。

哺乳 小.疑.問

寶寶為什麼會抗拒乳房？

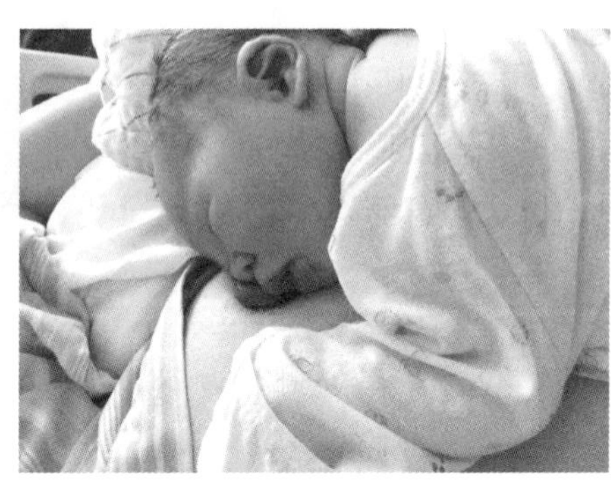

肌膚接觸讓寶寶找回尋乳本能。

通常抗拒乳房的寶寶一定經歷過不好的喝奶經驗，例如很餓的情況下無法順利吸吮、被強迫含乳、喝奶時被強壓著頭無法移動、奶水太多流速太快無法吞嚥而嗆到、奶水流速太慢、乳頭混淆等。寶寶如果無法順利的吸吮，種種的經驗會讓寶寶失去耐心導致抗拒乳房。要讓寶寶順利回到乳房，第一件事就是讓寶寶願意趴在乳房，透過肌膚接觸讓寶寶沒有壓力的趴在母親胸前，讓寶寶找回尋乳的本能。

在讓寶寶適應乳房的同時，母親必須建立奶量，當寶寶再次回到乳房含乳時，有奶水的乳房寶寶比較不會抗拒。寶寶從抗拒到願意含乳需要時間適應，只要媽媽願意不願其煩的嘗試，總有一天會成功。

哺乳的姿勢能影響寶寶含乳，換個姿勢有時就能改變許多問題。許多母親在哺餵時會去遷就寶寶，導致自己腰酸背痛，其實哺乳要能持續，媽媽必須以自己最輕鬆的姿勢哺乳。不管採用什麼姿勢，媽媽最舒服的姿勢就是最好的哺乳姿勢。

半躺式餵法

剛開始學習哺乳時，最好的方式就是嘗試讓寶寶自己尋乳。母親以半躺的姿勢，找到舒服及手臂有支撐的半躺坐姿，讓寶寶趴在胸前，媽媽的手臂墊在枕頭上協助支撐著寶寶的頭，讓寶寶可以往上或往下蠕動，爬向乳房。

半躺式餵法

搖籃式抱法

搖籃式抱法是母親最常使用的哺乳方式，這種方式是母親引導寶寶含乳的方式。母親以手臂支撐寶寶的身體、以手托住寶寶的頭與脖子交接處，用乳房觸碰寶寶嘴唇引導寶寶含乳，當乳房進入寶寶口中時，母親可將寶寶往自己身體輕輕內推，寶寶即可含住乳房。

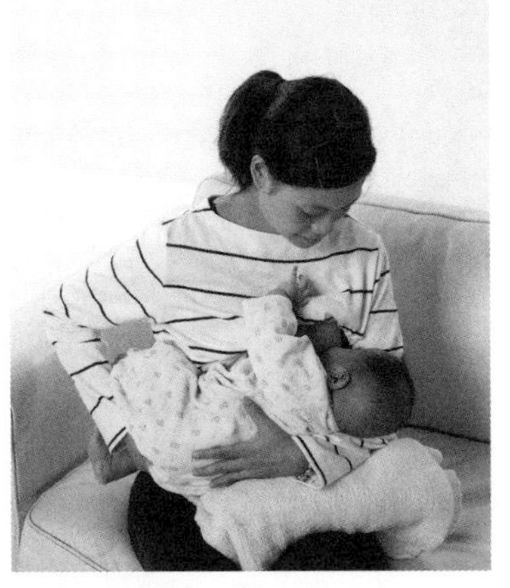

搖籃式抱法

交叉搖籃式抱法

交叉搖籃式抱法

交叉搖籃式抱法與搖籃式抱法類似，唯一不同的是當母親哺餵右邊乳房時，母親使用左手支撐寶寶的頭與脖子交接處、用右手托住乳房，用乳頭碰觸寶寶的上嘴唇引誘寶寶含乳，當寶寶順利含乳時，媽媽的左右手就能交替，以右手臂支撐寶寶的身體，左手就能放鬆。

橄欖球式抱法

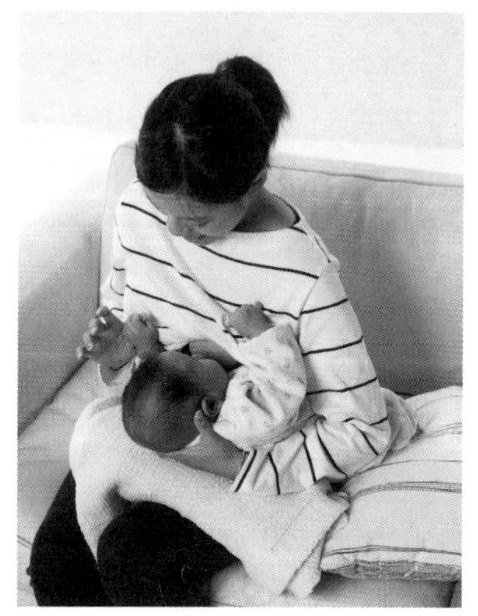

橄欖球式抱法

所謂的橄欖球式抱法就是把寶寶像橄欖球一樣的夾在腋下，這種抱法通常用於乳房較大、剖腹產或餵食雙胞胎的情況。

母親把寶寶的身體墊高，寶寶的嘴巴高度與乳頭高度一致，將寶寶抱在身體一側，寶寶的身體緊貼母親，母親用手掌支撐寶寶頭與脖子交接處，另一手托住乳房，用乳頭碰觸寶寶的上嘴唇引誘寶寶含乳。含乳困難的寶寶使用橄欖球式較容易含上乳房。

側臥躺餵式餵法

側臥躺餵式餵法

側臥躺餵式餵法最適合辛苦照顧寶寶的母親，當母親疲憊時，一邊哺乳一邊睡覺能讓母親快速的補充能量，補充照顧寶寶的體力。半夜、清晨及下午的時段是普遍媽媽會選擇側臥躺餵式餵法的時間點，在半夢半醒之間快速的解決寶寶哭鬧的問題，讓母親的睡眠被寶寶的影響更少。

側臥躺餵式餵法時，為了能讓母親一邊看著寶寶，母親的頭需要墊高，大約兩個枕頭的高度，母親的背後及兩腳之間也需要支撐，一條母親拉得動的棉被，可以同時滿足背後及膝蓋間支撐的需求，夜間哺乳時，靠在先生的身旁也可以是很好的背部支撐。

寶寶側躺在母親身旁，寶寶嘴巴的高度與乳頭的高度一致，當寶寶把嘴巴張大時，母親把寶寶往自己身體內側一推，便能成功含上乳房。如果寶寶的嘴巴比乳頭高或低，含乳便會造成問題，即使含上或許也會造成含乳不正確而造成乳房的摩擦，如果母親感覺含乳並不是那麼的舒服或甚至疼痛，讓寶寶離開乳房重新嘗試含乳是避免乳頭受傷必要的做法。

雖然母親半夜不用起來餵奶是許多母親期待的過程，但不管親餵或瓶餵，要母親的睡眠不受干擾其實並沒有那麼簡單，母親對寶寶的任何一個聲音都會變得很敏感，即便不用餵奶，母親還是會經常醒來看寶寶是否踢被子、是否太冷或太熱。在寶寶半夜還是需要餵奶時，側臥躺餵式餵法會讓媽媽可以不用完全清醒，而又很快可以入眠的最佳餵法。

哺乳
小.疑.問

躺餵時會壓傷寶寶？

有些人會質疑或擔心躺餵這種姿勢，母親會壓到寶寶，其實這是不需要擔心的，當母親的身體及膝蓋彎曲成ㄣ字形，要翻身其實是很困難的，而且自從升格為母親後，對寶寶的一舉一動都是非常敏感的。除非母親有服藥或喝酒導致母親嗜睡，不然可以不用擔心壓到寶寶的問題。

寶寶含乳姿勢

不管什麼尺寸的乳房，含乳正確時，寶寶的下巴緊貼著乳房，鼻子與乳房之間保留空隙，保持呼吸道的暢通。如果母親的乳房在母親坐著時已經快碰觸雙腿，在乳房下墊一條毛巾來提升及支撐乳房對含乳會有幫助。

用手使寶寶鬆開乳房

把手指伸進寶寶的嘴角讓乳房鬆開，幾乎每個媽媽都有做過這個動作，尤其是第一胎、第一次哺乳的媽媽，醫院的衛教會告訴媽媽，當寶寶喝完奶要讓寶寶從乳房鬆開時，為了避免大力的拉開導致乳頭受傷，媽媽可以把手指放入寶寶的嘴角解除寶寶密合的吸吮，再把乳房從寶寶嘴巴移出。

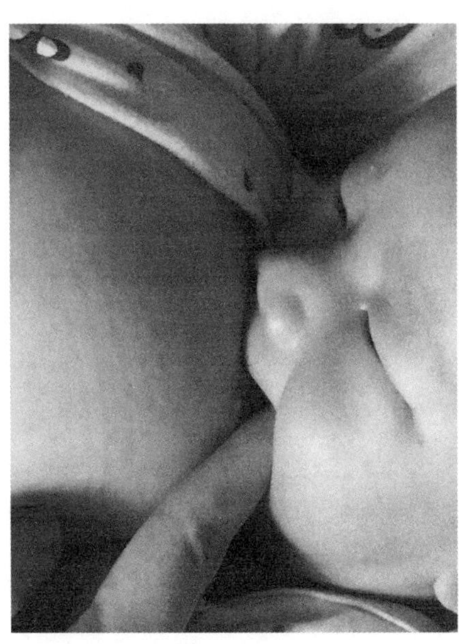

把手指伸進寶寶的嘴角的動作。

這是一個把乳房從寶寶嘴巴鬆開的做法，但為什麼媽媽會需要學習這樣的做法呢？寶寶不是吃飽滿足了就自己會鬆開嗎？雖然

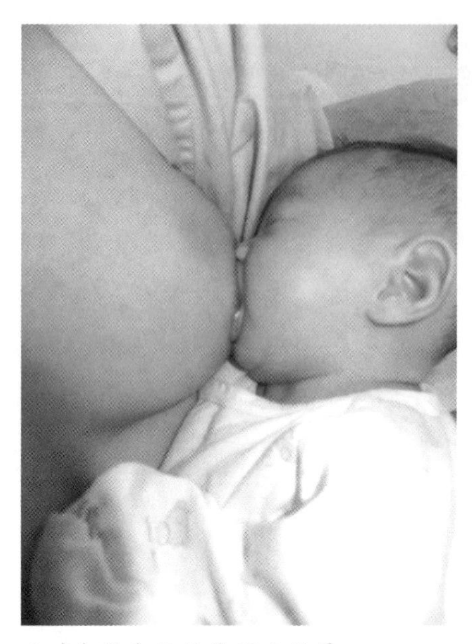
正確含乳含住的是部分乳暈。

看過很多母親在哺餵母乳時，一旦寶寶含上乳房，媽媽就完全僵硬不敢移動，但有時候，媽媽哺餵到一半，忽然有人敲門或者是需要上廁所但寶寶又還沒喝飽，媽媽需要中途離開時，這種手指放進嘴角的方式就能避免媽媽強硬的把乳房拉出來時所造成的傷害。

媽媽們其實可以用比較輕鬆的心情來面對哺乳，哺乳時只要寶寶含上乳房，媽媽用手把寶寶的身體支撐後就可以自由移動。

當媽媽奶水充沛時，寶寶可以在短時間內從乳房攝取足夠的乳汁，當寶寶有飽足感時，自然就會把乳房鬆開，不需要做這個把手指伸入嘴角的動作。但在哺乳初期，奶水還沒有很充沛、流速還不是很大時，媽媽可能會認為寶寶在乳房的時間已經夠長，應該是吃飽了所以把手指放進寶寶嘴角讓寶寶鬆開，但其實寶寶並沒有很有效率的把奶水移出，喝進去的量其實沒有媽媽想像的多。

當寶寶吸吮時，評估寶寶吸吮的效率及觀察吞嚥，能確保寶寶攝取到足夠的奶水，吃飽後寶寶自然會鬆開乳房，不需要由母親做移除的動作。

乳房的冷熱敷

哺餵母乳真的有需要做這麼多的前置作業才能進行嗎？為什麼有些人說要熱敷，但又有人說不能熱敷呢？擠不出來時到底要熱敷還是冷敷？冷熱敷到底是不是必要的？敷高麗菜是否也有幫助？這些常常是讓新手媽媽感到困惑的問題。

乳房不需要任何的前置作業就可以開始哺乳，想像一位母親在寶寶肚子餓時還需要先清潔、熱敷及按摩，他的寶寶來到乳房時一定會非常的生氣，氣到無法好好含乳吸吮。

熱敷，增加奶水流速

熱敷會使體溫升高，放鬆血管，增加奶水的流速，在產後母親覺得乳房溫度不高，且未有大量乳汁分泌時，在哺餵或擠奶前熱敷有助於乳汁的分泌，但長時間持續熱敷容易造成乳房充盈腫脹，導致乳房組織發炎。

冷敷，緩和腫脹及急性發炎

冷敷是用在緩和產後腫脹及急性的發炎，產後初期因黃體素下降、泌乳激素上升的荷爾蒙改變導致乳房的水腫，乳房的溫度上升，這時母親的感受是乳房腫脹但卻無法擠出很多乳汁。這種狀況如果對乳房加以熱敷及不當的使勁按摩，乳房會充盈的更加嚴重，乳汁會更無法流出。相對的，在哺乳或擠奶後，冷敷降溫，不但有止痛的效果也能讓奶水更容易流出。

冷熱敷交替使用

冷敷與熱敷是輔助母親緩解乳房不適的狀況，而不是解決乳房問題的根本方法。

產後乳房水腫、乳腺阻塞，乳腺炎等乳房問題可以冷敷來緩和乳房的不適。冷敷的方式通常是以高麗菜葉、濕冷毛巾、冷敷袋為主，如以冰塊做為冷敷時，需在冰塊外層多加一層毛巾以避免凍傷。

產後乳房周圍溫度低，摸起來感覺不會很熱，或有輕微乳腺管阻塞時，可採用熱敷來提升乳房的溫度及乳管的擴張。熱敷的方式可用溫毛巾、熱敷袋、溫水瓶，使用時千萬要注意溫度避免燙傷乳房皮膚。切記，每次熱敷乳房後一定要讓寶寶吸吮或擠奶把奶水移出，才不會造成乳房的過度刺激腫脹甚至發炎。

但不管使用冷敷或熱敷，奶水的移出及寶寶正確的吸吮，才是解決乳房問題的重點。

奶量不足的追奶技巧

奶量的多寡取自於產後乳房的刺激，產後黃金七十二小時是建立奶水的重要關鍵。有些生產醫院並沒有落實產後母乳哺餵教學，新手媽媽在對哺乳不了解的狀況下，不知道住院三天是建立奶量的關鍵。當乳房腫脹而乳汁沒有頻繁移出，身體抑制泌乳的系統就會啟動，在奶量還沒建立的情況下就開始退奶。

建立奶量是一個很辛苦的過程，但退奶卻沒有如同建立奶量般的費時。產後刺激越多，奶量分泌就越多，但過多或過少都不是一件好事，媽媽需要追求的是供需平衡，也就是足夠給寶寶吃就好。

可能影響奶水分泌的原因

造成奶水不足的原因有很多，常見的狀況是因為媽媽太過於勞累或壓力導致乳汁不足。解決這問題的方法就是──足夠的休息及找出壓力的來源，幫自己與寶寶安排四十八小時無干擾的時間，寶寶睡媽媽就睡，寶寶還沒醒時，媽媽抽空吃東西。讓身邊的人知道你需要幫助，且告知幫助的方式，放下手邊的工作與擔憂，讓自己好好享受與寶寶相處的時光，或許對奶量的增加會有幫助。

要徹底解決奶量不足的問題，必須找出奶量不足的來源。當媽媽面臨奶水不足時，焦慮的心情會使奶水更不容易增加。媽媽首先必須先放鬆心情，吃飽喝足，補充足夠的能量，大腦才能順利運作，想出解決的方法。

胎盤殘留：生產時若有胎盤殘留，胎盤殘留會導致黃體素過高因而影響乳汁的分泌。產後若有乳汁不足的擔憂，建議詢問醫師是否這是造成你乳汁無法順利分泌的原因。

限制寶寶含乳時間：限制寶寶含乳時間及次數會影響乳汁的移出，產後初期乳房的腫脹會減少乳汁的分泌因而造成日後奶水不足。

使用奶嘴安撫寶寶：當寶寶使用奶嘴時，母親乳房被刺激的次數會減少，當寶寶吸吮的次數減少，乳汁的移出就會減少，奶量也會減少。

使用乳頭保護罩：乳頭保護罩的含乳並不是真正的含乳，短期來看，寶寶或許含上乳房，但沒有在專業的評估下使用，可能會造成乳汁移出效果不好，因此造成日後奶水減少的問題。

荷爾蒙的改變：月經、再度懷孕都有可能影響乳汁的分泌。

避孕藥：服用黃體素與雌激素混合之避孕藥對乳汁的分泌有影響。

不喜歡哺乳的感覺：媽媽對哺餵母乳的感覺對奶量的分泌有極大的影響，當媽媽很享受與寶寶在一起的時光，抱著寶寶那種親密的感覺，奶量會源源不絕，但如果媽媽對哺乳的感受是負面的，乳汁的分泌也會較緩慢及下降。

- **乳房手術所產生的影響：**雖然並不是所有做過乳房手術的母親都會有乳汁不足的問題，但乳房組織的改變有時會影響乳汁的分泌。不管是哪一種情況下做的乳房手術，大部分的母親還是能分泌一些乳汁。或許不能完全滿足寶寶的需求，但有一些母乳會比完全沒有母乳來得有益。

可能誤認奶水不足的情形

如果媽媽不確定寶寶是否喝到足夠的母乳，先確認：

- 寶寶每天有六片以上的濕尿布。
- 寶寶有清醒及開心的表現。
- 寶寶體重、身高及頭圍都有依照自己的生長曲線成長。

有時候媽媽會因為以下原因誤判自己乳汁不足：

- **乳房沒有產後那麼飽滿：**當母乳量與寶寶食量到達一個平衡時，乳汁流速變快但乳房的飽滿度不會像產後那麼的腫脹，但媽媽可以不用擔心，只要寶寶有正確含乳且依需求哺乳，觀察寶寶的體重有持續上升，媽媽就可以不用擔心奶量下降的問題。

- **寶寶頻繁需要哺乳：**寶寶頻繁討奶有許多原因，比較有可能的因素是，寶寶快速生長期需要補充較多的奶水量，而不是因為母親奶水下降，但寶寶頻繁的吸吮有助於母親奶量的增加。

- **寶寶生病不舒服一直想含乳：**生病的寶寶會黏著媽媽且有尋乳的表現，通常這種情況不是寶寶吃不飽而是寶寶需要吸吮來安撫自己身體的不適。

- **天氣熱、寶寶喝奶時間變短：**天氣熱時，寶寶有時喝奶時間縮短但次數增加，哺乳不是吃飽而是止渴。

- **寶寶體重上升變慢：**通常依需求哺餵的寶寶，體重會在產後一至六個月時快速增加，但六個月後體重增加會變慢。

- 如果媽媽認為寶寶攝取的母乳量不足或奶水不足，盡快尋求專業協助以提供增加奶量的方法。

快速成長期

快速成長期通常出現於寶寶六週、三個月及六個月大，寶寶出現不易安撫、提前清醒及頻繁討奶的情況（雙胞胎寶寶可能會同時出現這種現象，但也有可能會在不同的時間出現）。這現象會延續幾天，之後會回到原來的餵食狀況。

在快速成長期，有些母親會認為自己奶水不足，但如果媽媽依寶寶需求餵奶，通常會發現幾天後奶量就會又與寶寶達到平衡。當寶寶頻繁討奶時，最好的做法就是把寶寶帶到床上，當寶寶喝奶時媽媽可以順便休息。

奶水不足如何追奶？

奶量的建立關鍵：產後多與寶寶肌膚接觸，多讓寶寶吸吮。

1. **不限次數與時間的哺乳：**固定時間餵奶常常是乳汁不足或減少的主要原因。乳房如果必須撐到一定時間乳汁才會被排出，乳房長期處於腫脹，乳汁的分泌就會減少，所以依寶寶需求餵奶可降低乳汁減少的問題。

2. **確定含乳正確：**寶寶如果含乳不正確，乳汁就無法有效率的被移出，每次殘留乳房的乳汁會導致乳汁分泌越來越少。

3. **尋求專業協助：**正確找出問題的主要原因及改善方法。

哺乳
小.疑.問

奶量不夠需添加配方奶？

當哺乳困難無法解決時，母親會遇到需要給寶寶添加配方奶的壓力，但當母親還處於奶量的建立時期而寶寶已接觸到奶瓶，這時媽媽就必須面對追奶的狀況。追奶會使母親有種無法餵飽自己寶寶的挫敗，但如果媽媽了解奶量分泌多寡取決於奶量移出的多寡，那媽媽就會知道要多讓寶寶吸吮，甚至更頻繁的擠奶刺激乳房，讓身體知道要分泌更多的乳汁。

有效的擠乳技巧

擠乳器的發明已經有約二百年左右的歷史，雖然擠乳器的使用者是女性但設計者卻全部都是男性。擠乳器的發明者不能親身感受使用者的感覺。有多少媽媽在使用擠乳器時感到疼痛，感覺吸力太強或感覺一整個吸不出來，但對銷售者或設計者來說，如果沒有親身體驗過，全部會被歸類為是使用者的問題。

各品牌擠乳器的設計不同，有些吸力很強，但常常會造成母親乳房受傷，有些設計的太溫和，又會變成吸奶效率不好，各品牌有各自的優缺點。價錢高低、使用者評價都是媽媽購買擠乳器時會納入的考量項目。多聽多問多爬文，不是聽銷售人員推銷，而是聽有經驗的媽媽分享，問問有經驗的媽媽，有關自己對於擠乳的疑惑，看看媽媽寫的分享文，購買後再去找廠商詢問正確使用的方式。

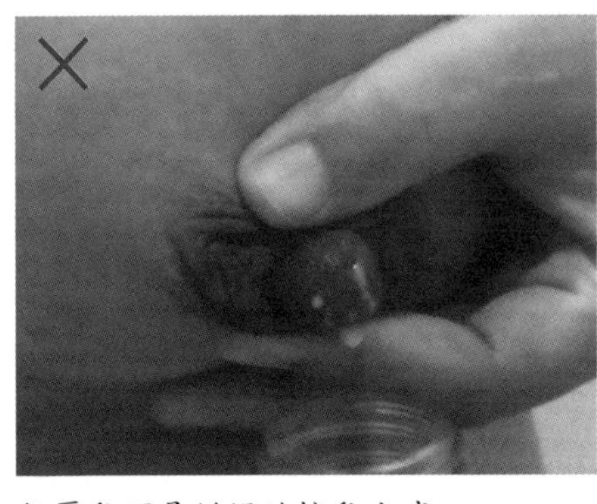

按壓乳頭是錯誤的擠乳方式。

正確的擠乳方式。

擠乳器的衛生對寶寶的健康影響也是很重要的。使用不正確時，乳汁會回流造成機器故障或細菌滋生，學會正確的使用擠乳器才能避免這些問題的產生。

最好用的擠乳器還是萬能的雙手，網路上有很多手擠乳的影片，仔細看你會發現，每種教學方式都不太一樣，有的用手指滾動的方式、有的教導在皮膚表層滑動（不建議）、有的用按摩器輔助，到底哪一種才是正確的擠法？其實只要擠得出來而且乳房不受傷就是好的方法。

TIPS

過度頻繁擠乳可能造成負擔

過度擠奶對媽媽來說並不是一件好事，以整件事情的經濟價值來看是不值得的。媽媽除了必須花費時間擠奶之外，需投資的還有擠乳的工具、清洗的器具、儲存的容器及用品；冷凍庫滿滿的乳汁，寶寶喝不完放到過期，留著做母乳皂又太多，丟掉又可惜。媽媽一點一滴擠出來的珍貴乳汁，第一目標應該是要給寶寶喝而不是去想擠多一點可以有其他用途。擠乳對母親的身體也是負擔，太多並不是件好事。

手擠乳準則

擠乳前記得要用香皂徹底的把手洗乾淨。有些母親擠奶前喜歡喝杯熱飲或用溫熱毛巾擦擦乳房，溫暖的感覺可以讓媽媽們放鬆，讓身體進入擠乳模式。

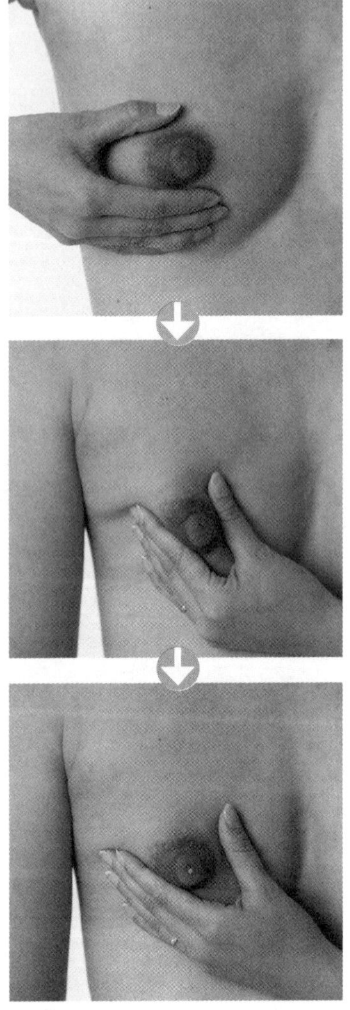

手擠乳的手式。

手擠乳手勢，將大拇指放在乳頭上方，離乳暈後面一公分的乳房上，食指放在下方，其他手指托住乳房，以上下對壓的方式，輕輕的上下上下對壓，幾下後乳汁就會開始流動。

擠壓過的乳房當乳汁流出後乳房會變軟，這時媽媽們要旋轉手指上下對壓的方向，確保乳房內每個方位的乳汁都順利移出。當前端乳房奶水移出乳房變軟後，輕輕按摩乳房，讓乳汁往前流動，最後回到乳暈一公分的上方繼續擠奶。擠奶時，當乳汁流速變慢時即可換邊，兩邊交替擠乳可以讓擠奶速度更有效率。

手擠奶的方法

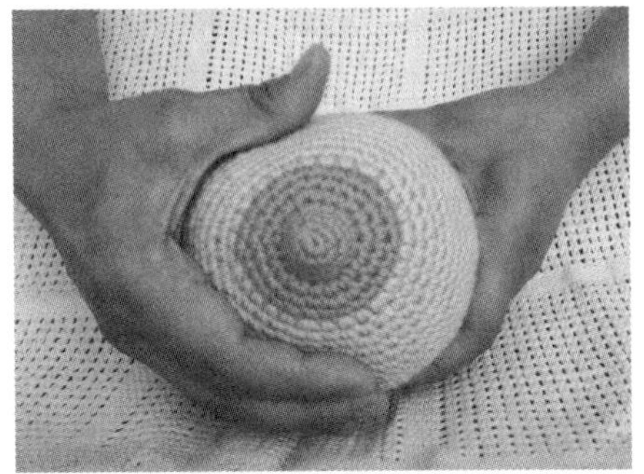

1. 將大拇指放在乳暈上方，食指在乳暈下的乳房上，以其他的手指托住乳房。

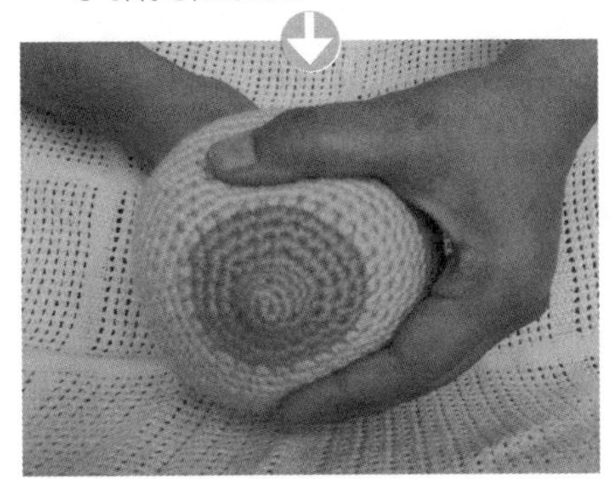

2. 將大拇指及食指相對，反覆壓放，一開始可能沒有奶水流出，但在擠壓幾次後，奶水開始滴出。

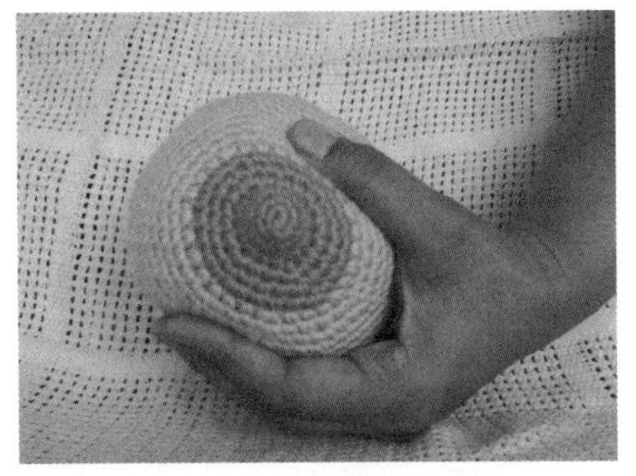

3. 以相同方式擠壓乳暈兩側，確定奶水由乳房各部位被擠出。

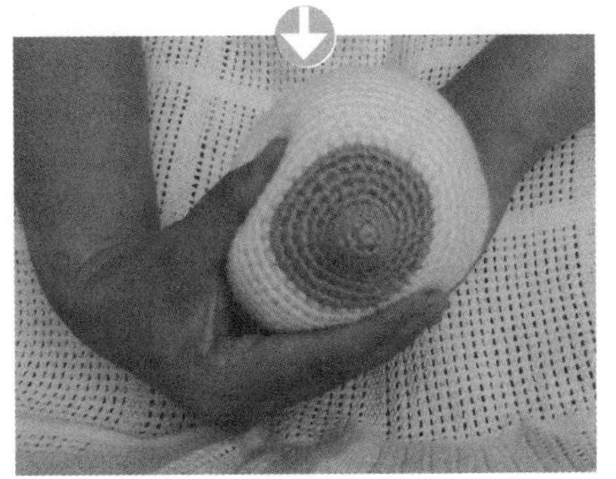

4. 避免以手指摩擦皮膚，手指的動作應是上下對壓。

刺激噴乳反射

噴乳反射是哺乳時神經內分泌系統所產生的一個正常的過程，讓寶寶可以在短時間內攝取到更多的乳汁。噴乳反射對擠乳的母親來說非常的重要，他們也常被叮嚀擠乳前要先刺激噴乳反射。

刺激噴乳反射的方式：

- 擠奶前喝杯溫飲讓身體放鬆
- 看看寶寶的照片
- 揉捏乳頭
- 想像寶寶的哭聲
- 想像擁抱寶寶喝奶的感覺
- 想會讓自己開心的事情，度蜜月或出國玩通常很有效果
- 聽放鬆的音樂
- 按摩乳房
- 放鬆心情
- 放空

手動／電動擠乳器的運用

擠乳器雖然是上班媽媽的好幫手，但它並不是一個神器，許多母親認為只要買一台擠乳器，掛上乳房就能擠出一大瓶奶，很多時候並不是這樣的，乳房才是製造乳汁的起始點，擠乳器只是把乳汁移出的輔助品，媽媽的情緒可以抑制乳汁的分泌，也可以讓乳房快速的噴出乳汁。

手動擠乳器

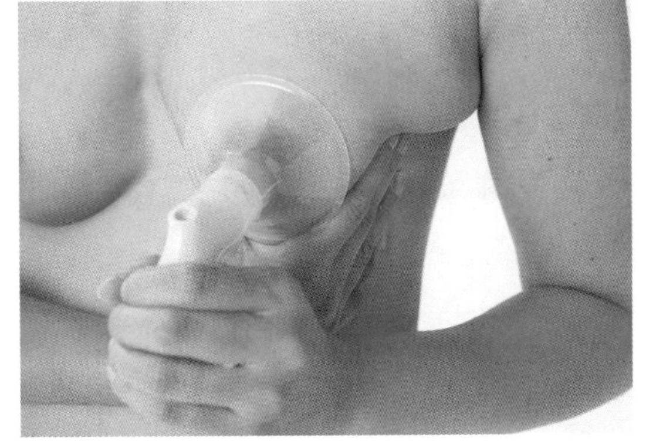

手動擠乳器的方法。

刺激噴乳反射是打開快速儲存母乳的開關，使用手動擠乳器時，媽媽需漸進式的用穩定的節奏輕輕的擠乳，乳汁並不會一開始就馬上大量流出，媽媽會看到乳頭有一點點乳汁流出，一手持續用穩定的節奏擠壓擠乳器，另一手可擠壓乳房，兩手互相幫助，乳汁會越來越多。當媽媽擠乳進入一個規律後，這時媽媽可以放空、可以想想自己的寶寶、想想自己喜歡的事情，這些都有助於噴乳反射的出現。

使用手動擠乳器之前，切記要用香皂徹底把手洗乾淨，擠乳器的配件也應該事先消毒烘乾完成。

電動擠乳器

電動擠乳器

電動擠乳器的擠乳方式與手動擠乳器類似，唯一的優點就是媽媽的手不用持續擠壓擠乳器，但不管是手動或電動，兩者各有優缺點，有的母親喜歡手動擠乳器，因為手動擠乳器的吸力與速度都可依自己的擠乳頻率調整，而電動擠乳器只能依照設計者所設定的頻率調整，有時感覺吸力太強而有時又會覺得速度不夠快。

擠乳器的配件很多，選擇擠乳器時，需考量擠乳器的設計是否方便拆洗。擠乳器的喇叭主體及矽膠花瓣的口徑大小也是母親需要考慮的一個要點，口徑太大的擠乳器壓不到乳暈，光靠吸力把乳汁移出容易造成乳暈的水腫及阻塞，口徑太小的擠乳器使用時，矽膠花瓣容易卡到乳頭，造成乳頭因摩擦而受傷，如果媽媽的乳頭較大，購買擠乳器時需考量到喇叭口徑大小的問題。

不管使用手動擠乳器或電動擠乳器，擠乳後還是需要用雙手把乳暈清除乾淨以避免阻塞。

何時開始使用電動擠乳器？

擠乳器對上班的媽媽來說是一件不可或缺的工具，許多母親在懷孕時就已經購買了擠乳器，預計生產後在醫院可以馬上使用。

產後奶量的建立需要母親與寶寶的親密接觸，以刺激腦下垂體分泌大量的泌乳激素來協助乳汁製造，並分泌催產素來幫助乳汁順利排出。

母乳可以快速流出時使

從胎盤剝離至乳房感覺腫脹的過程需約七十二小時，產後三天內，乳房所製造的乳汁是少量的，但如果頻繁的刺激，母親的奶量就會越來越多。隨著奶量變多，當母親手擠乳時，母乳可以快速流出，就是開始可以使用擠乳器的時機。但記得使用擠乳器時必須用雙手輔助擠壓乳房，讓媽媽可以在比較短的時間內完成擠奶的工作，最後必須用手把乳暈周圍的乳汁擠出以避免乳汁殘留造成阻塞。

TIPS

太早使用擠乳器容易造成阻塞

剛開始的乳汁量少且濃稠，太早使用擠乳器容易造成乳暈水腫，濃稠的初乳卡在乳暈造成阻塞。

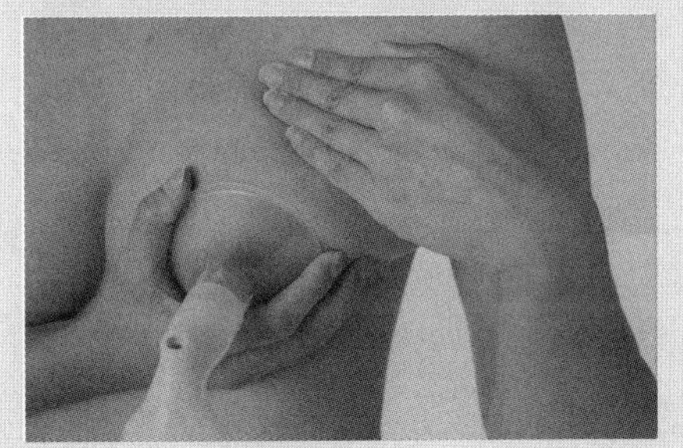

用雙手輔助擠壓乳房

SECTION 1 SECTION 2 SECTION 3 SECTION 4 SECTION 5 SECTION 6

乳汁的儲存與使用

母乳的成分在儲存與冷凍的過程中，活細胞與抗體難免會減少，但與完全沒有任何活細胞的配方奶比較，冷凍過後的母奶品質還是比配方奶好。

對寶寶來說，新鮮冷藏的母奶會比冷凍母奶好，建議媽媽盡量以今天擠的明天喝為目標，讓寶寶可以喝到比較新鮮的母乳。只要冷藏或冷凍庫裡備有三天的備用存糧，媽媽就可以不用擔心。

	溫度	存放時間
	剛擠的乳汁	
溫暖的房間	攝氏 27 ～ 32 度	3 ～ 4 小時
室溫	攝氏 16 ～ 29 度以下	4 ～ 6 小時
保冷袋 + 冰寶	攝氏 15 度	24 小時
	冰箱冷藏	
冷藏新鮮母乳	攝氏 0 ～ 4 度	3 ～ 7 天 （72 小時）
冷藏解凍母乳	攝氏 0 ～ 4 度	24 小時
	冷凍	
舊式冰箱（冷凍與冷藏沒分開的冰箱）	溫度變化多端	2 週
獨立冷凍室	< 攝氏 - 4 度	6 個月
冷凍冰箱	攝氏 -18 度	6 ～ 12 個月

- 擠出的母乳若兩小時內不使用，應盡快放進冰箱，若四十八小時內用不到的乳汁，應盡快冷凍儲存。
- 一天內不同時段擠出的母乳可分別存放於冰箱，等溫度相近時再倒入儲乳瓶或儲乳袋存放。
- 存放冰箱時，應儲存在冰箱深部，避免儲存在靠外面的冰箱門上，以維持溫度的穩定。
- 記得標註擠乳的日期（包括年、月、日）及時間。
- 如果寶寶有託保母照顧，記得在每包母乳上標註寶寶的姓名。

母乳解凍與回溫

解凍母乳

- 前一天把寶寶隔天要喝的母乳拿到冷藏解凍是最安全的方式。
- 若需快速解凍，把母乳放在水龍頭下以流動的水解凍。
- 冷藏室解凍的母乳二十四小時內需使用完畢，未使用完的解凍母乳不可再次冷凍。

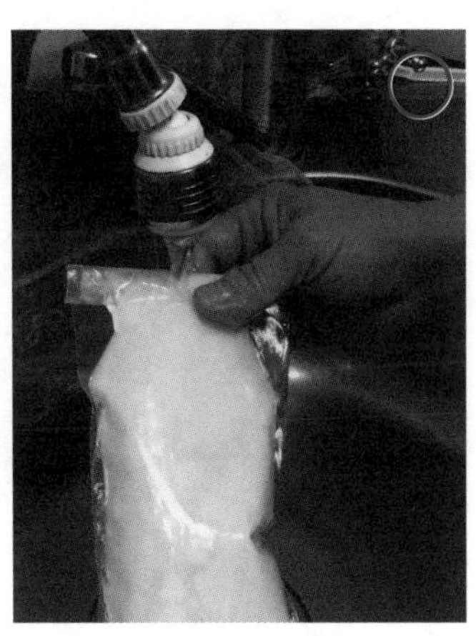

流水退冰

溫母乳

- 隔水加熱，將冷藏室的母乳以攝氏 60 度的溫水隔水加熱。

隔水加熱。

- 溫奶器低溫加熱，回溫的母乳記得要拿起來避免溫度持續上升。

- 切記不要微波加熱母乳或把母乳放在瓦斯爐上加熱，微波爐加熱容易受熱不均導致燙傷，且溫度過高容易破壞母乳的成分。

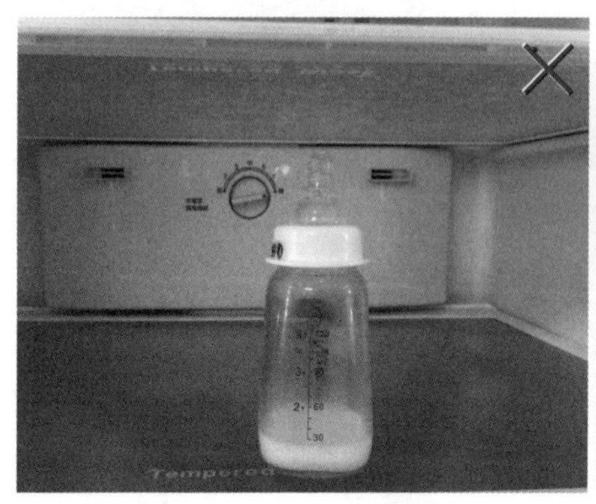
喝剩的奶不可隔餐加熱。

微波加熱不適宜。

開始吃副食品時的母乳哺育

世界衛生組織建議全母乳哺育至六個月，之後添加副食品並持續哺餵母乳。當寶寶開額外添加副食品時，寶寶到底還需要喝多少次奶？有研究顯示，雖然一到六個月之後的寶寶體重持續增加，但奶量不見得會增加。一般平均為 750cc（570 ～ 900cc），生長快速期可能會喝多一些。在開始添加副食品後，每個寶寶所需要的母乳量並沒有一個標準的數字，但一開始寶寶喝奶的次數並不會明顯減少。

開始吃副食品時一天要喝幾次奶？

在剛開始添加固體食物時，寶寶在二十四小時內還是會需要哺餵六次以上，有時候寶寶吸吮是因為肚子餓，有時只是需要安撫，有時是吃點心，不管餵食的原因為何，重要的是媽媽需要觀察寶寶想喝奶的表徵，並適時哺乳。

寶寶不需要太早接觸固體食物，當寶寶已經手眼協調且坐得很穩的時候再開始即可。六個月至一歲前母乳還是寶寶營養主要來源，即使開始添加副食品後母親還是須維持奶水分泌量。添加副食品時，要注意富含鐵食物的攝取，必要時添加鐵劑。

先吃副食品還是先喝奶呢？

寶寶的進食量會依每個寶寶而有變化。

添加副食品初期，寶寶還是以母乳為主食，先讓寶寶喝母乳再給予副食品能夠讓母親維持所需要的奶量。

隨著寶寶成長，固體食物攝取量增加，需要的奶量就減少。寶寶可能會有幾天很頻繁的喝奶，但有時副食品吃的量又很多對喝奶沒興趣，寶寶二十四小時內需要的進食量會依每個寶寶的性格與食量有變化，媽媽可以嘗試在兩餐之間給予副食品，母乳的餵食次數就依照寶寶的需求即可。

離乳

離乳是每個媽媽都會遇到的狀況，問題也很多，困難度不亞於乳腺炎，不管是不是哺餵母奶，每位媽媽一定會遇到幫寶寶離乳的過程。

溫柔的離乳

當寶寶開始接觸副食品其實就是離乳的開始，但大部分的人對離乳的定義僅侷限於哺餵母乳的孩子離開母親的乳房。家裡的長輩常會說，該給孩子斷奶了，或者指著孩子說，羞羞臉這麼大了還在喝奶。媽媽也常常會受不了旁人的指點而強迫的讓寶寶斷奶，且常常是斷了奶也斷了媽媽的做法，這種強制斷奶的手段對媽媽及寶寶來說，都有所傷害，因為旁人的一句話導致寶寶同時失去兩樣他最心愛的東西（哺乳及媽媽），因為旁人的一句話，他不能隨心所欲的吸吮，不能抱著他心愛的母親睡覺，只因為長輩說跟他睡幾天就會習慣！！

長輩說的沒錯，跟他睡幾天或許會習慣，但習慣不是因為真的喜歡而是被環境所逼。年齡小的寶寶被迫接受奶瓶，因為不接受就會餓肚子，年紀大的也只能每天哭著找媽媽但卻又累到睡著。是的，寶寶會習慣但寶寶的習慣是因為放棄了，他放棄找媽媽，他放棄找他最愛的乳房，因為時間一久，他會以為他們再也不回來了。這種離乳的手段是我們在推廣母乳時最不願意看到的離乳方式。

離乳並不是結束母親與孩子的親密連結，而是用其他的方式讓孩子得到所需要的營養。離乳有很多原因，也有很多不同的情況，每種情況都會有不同的應對方式，但不管是什麼原因導致離乳，溫柔的離乳對寶寶及母親的乳房比較不會有傷害。

離乳的時機

母乳可以餵多久？是許多母親共同的疑問，雖然說配方奶公司強力的廣告推銷，六個月後母乳不夠營養，但事實是母乳含有不可取代的抗體，這抗體不是任何一種合成的配方奶可以取代，哺育學步兒對孩子各方面的發展來說，更是有許多無形的好處。

母乳到底要餵多久，其實沒有正確的答案，答案在於每個媽媽與寶寶之間的協調與引導。照顧寶寶的母親可以做出最好的判斷，不要設定最後期限，當你和寶寶準備好時就是最佳的離乳時機。

小兒科醫學會建議母乳餵養至少一年以上，世界衛生組織建議純母乳哺餵六個月，之後添加副食品且持續哺乳至兩歲或更久。

寶寶主導或媽媽引導的離乳

不管你的親戚、朋友或者陌生人給予離乳的壓力及建議，但離乳是媽媽照顧寶寶過程中需克服的一個障礙，沒有正確或錯誤的方式。

媽媽可以選擇適合自己的時間點，或者等寶寶夠成熟之後，讓寶寶自然離乳。離乳可以是媽媽引導或是寶寶主導：

寶寶主導的離乳

當學步兒對外在的世界產生無比的好奇心，對哺乳不感興趣或者容易分心，這可能是母親可以引導離乳的時間點。當寶寶對哺乳喪失興趣時，寶寶已經嘗試在告訴媽媽，他已經準備好了。

通常副食品接受度高的寶寶比較容易減少母乳哺餵的次數，當寶寶滿一歲時，寶寶已經可以透過各種不同的食物來滿足營養需求，也已經能夠從杯子喝水，離乳就比較容易。

母親引導的離乳

媽媽可能會因為返回職場無法持續擠乳而需要離乳，或者是媽媽覺得寶寶已經夠大，但寶寶卻還遲遲不想離開乳房，這時母親就可以漸進式的引導寶寶離乳。

當離乳是母親單方面的想法時，離乳會花費大量的時間和耐心。當然這也會受孩子的年齡及孩子如何接受離乳過程的調適而改變。

不同月齡的離乳法

首先，媽媽必須有離乳需要時間與耐心的心理準備，離乳必須慢慢來，寶寶一開始可能會表現出煩躁，但媽媽可以用一些技巧來讓離乳過程更加順利。

哺乳小.疑.問

可以在擠出來的母乳內加入米精或麥精嗎？

副食品的添加時機到底幾個月開始才是最洽當的？以世界衛生組織的標準，六個月以內的寶寶以全母乳哺育為佳，但一般市售的嬰兒食品卻又標榜四個月就可以開始添加。這就出現了一個寶寶從四至六個月可以開始吃副食品的說法。但添加副食品最洽當的時機其實是要觀察寶寶的發展，當寶寶不用輔助或支撐就可以坐直，可以控制自己的手去抓食物，這代表寶寶已經準備好開始添加固體食物。

米麥精普遍是新手媽媽們認為，寶寶開始吃副食品時的第一個選擇，但把米麥精添加在母奶裡的用意又是什麼？增加寶寶喝奶的飽足感或是讓寶寶學習吃固體食物？如果是要讓寶寶學習吃固體食物，把米麥精加在奶瓶內並不是一個恰當的做法，更不能讓寶寶有學習吃固體食物的過程。除此之外，不管是加在母奶或是配方奶中都會影響奶水的成分及濃稠度，添加在配方奶中反而會因為沒有依照廠商指示的調配方式而造成寶寶腸胃不適。相反的，如果是要把食物稀釋，把奶水和進食物泥中是沒有問題的。

寶寶年齡較小時

媽媽可以用瓶餵來取代親餵，一開始寶寶或許會不習慣奶瓶但如果餵食的人不是媽媽，寶寶適應的速度會加快許多。當媽媽回到寶寶身邊時，媽媽會發現寶寶會更頻繁的吸吮，含著乳房不肯放開，寶寶正在彌補與母親分離的焦慮，先別擔心這樣寶寶會離不了乳，這是一個必經的過程，當你把寶寶心愛的東西拿走的同時，你必須用其他方式來補足他的心靈。漸漸的寶寶比較習慣瓶餵，親餵的次數也就能減少，慢慢的也就達到離乳的目標。

較大寶寶

媽媽可以嘗試用轉移注意力的方式來引導，當寶寶說要喝奶時，先別急著拒絕，也別急著掀開衣服，餵了這麼久的時間，其實媽媽已經學會觀察寶寶肚子餓或想喝睡前奶的表徵，在寶寶肚子餓之前，提供一些食物或飲品，所以當寶寶要求要喝奶時，媽媽可以確定寶寶不是肚子餓，然後把寶寶引導到其他寶寶會覺得有趣的東西上。慢慢的拉長及減少餵食的時間及次數。

這種減少餵食次數的做法不但可以讓寶寶慢慢適應，母親的乳房也可以慢慢自然的減少產量，才不會再次遇到乳房腫脹的狀況。

戒睡前奶

戒睡前奶是離乳中最困難的情況，當寶寶想睡覺時，寶寶更容易有煩躁的表現，先確定寶寶有吃到足夠的食物，確定寶寶不會餓，再嘗試用其他方式來安撫寶寶睡覺。有些寶寶會在背巾裡睡著，有些會在車裡睡著，媽媽可以尋找一個適合自己的方式來安撫寶寶。

邊離乳邊持續餵奶的做法

離乳有時會讓媽媽內心感到非常糾結，但又因為許多因素而不得不採取讓寶寶離乳的做法。退奶藥是經由荷爾蒙的改變來讓乳汁分泌減少，退奶藥並不會讓乳汁馬上消失，逐步減少乳房刺激的次數，大約三至五天才會達到不需要擠乳，也不會有脹奶的感覺。

有些想快速退奶但又不想吃退奶藥的母親會採取喝麥芽水、人蔘等退奶食物來減少乳汁的分泌，但因為寶寶的需求及乳房的需求，媽媽必須持續哺餵，這樣的做法通常會拉長離乳的時間，結果常常是會持續哺餵。

哺乳小.疑.問

寶寶何時需從母乳轉換成配方奶？

寶寶添加配方奶的因素有很多，但當媽媽乳汁充沛且寶寶也哺育的很好時，從母乳轉換成配方奶是完全沒有必要且多此一舉的做法。當哺乳順利時，全母乳哺餵至六個月而銜接母乳最好的做法就是開始添加寶寶副食品且持續哺乳。隨著年齡增長，要確保的是，添加的固體食物須多樣化，而母乳可以持續哺餵至媽媽或寶寶想要停止為止。寶寶一歲後除了母乳之外，可以喝鮮奶、保久乳、豆漿、五穀奶、優酪乳等。

離乳這過程，不只是母親的身體需要時間適應，寶寶也需要學習及習慣另一種哺餵的方法，乳汁分泌的供需原理可同時用於乳汁增加或乳汁減少兩種做法：

- **要乳汁增加：**增加寶寶的吸吮次數或擠奶次數增加、乳汁分泌量就會增加。

- **要乳汁減少：**減少及拉長寶寶吸吮的次數或擠奶次數，漸漸地就不需要再擠乳。

想要同時滿足退奶及持續哺乳，這兩個做法是有衝突的。如果乳汁一直很充沛且寶寶也很願意吸吮，邊餵邊離乳的做法即無效。

但在寶寶會親餵、也願意使用奶瓶的情況下，採取只有乳房脹奶到受不了時才親餵（這樣可以省去擠奶的麻煩），其他時間則以瓶餵取代親餵。這種漸進式的做法可以讓寶寶慢慢習慣不親餵，且乳汁的分泌也會持續減少。

為哺乳畫上完美的句點

哺乳是人生中一個難得的體驗，從沒奶到脹奶，從硬奶到軟奶，從哺乳到離乳，哺乳的生活或許疲憊但幸福。透過哺乳，媽媽與寶寶更能互相了解，彼此的心更接近。這種互相需要互相滿足的感覺，只有親身體驗過才能理解。

離乳後的失落感需要花多久的時間來適應？離乳離的並不是母親與寶寶間的距離而是換個方式照顧小孩。哺餵母乳時建立的親密感及默契在離乳後依然能持續延伸。因為對孩子的了解，在教養上也能夠很快的解決孩子的問題，滿足孩子的需求，從嬰兒時期為孩子建立的安全感，暖暖的在孩子心中持續的延伸，母親照顧孩子的心，永遠不會改變。

哺乳所留下的暖暖的感覺將變成母親與寶寶一輩子的回憶。

哺乳常見的各種疑問
解決方法

哺乳是如何開始？或許很多母親都認為這是會自然發生的事情，哺乳順利的母親會告訴你，寶寶會自己找到乳房，但很多母親都是在護理人員的協助下才讓寶寶含上第一口奶。不過後續的難題不少，你可以從這章中找到幫助。

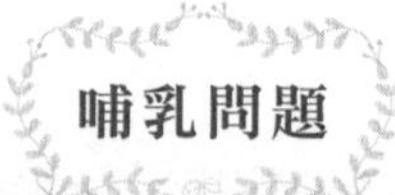

哺乳問題

多胞胎如何哺乳？

你聽說母乳對寶寶最好，一心期待著抱著心愛的寶寶哺餵母乳，忽然發現等待的不只是一個而是兩個甚至更多，你心中充滿期待但卻又擔心自己沒辦法餵飽那麼多寶寶。

哺餵雙胞胎需要做的準備

以乳房來說，哺餵母乳是不需要做準備的，但在打算哺乳的過程中，有些事情可以事先溝通協調、準備以讓哺乳可以更順利：

- **懷孕時參加母乳支持團體：**最好是與先生或家人一起參加，了解產後照顧寶寶及哺餵母乳的方法。

- **添購哺乳內衣：**通常母親懷孕後期，乳房會增加約兩個罩杯，需要添購適當的胸罩來支撐乳房的重量。懷孕後期購買哺乳內衣能夠讓母親在產後持續使用，哺乳內衣必須是舒服且容易解開的方便哺乳設計。在產後初期，無鋼圈運動型內衣是較方便且舒服的選擇。

- **學習如何吸氣及放鬆的運動：**放鬆能夠讓乳汁流出更順暢，學習幾個簡單的放鬆小動作，可讓母親在產後感覺到壓力時，隨時方便運用。

- **健康營養的飲食。**

- **加入雙胞胎母親的社團：**了解其他雙胞胎母親是如何哺餵及照顧他們的雙胞胎。

- **與先生及家人溝通：**讓他們理解支持母親堅持哺餵寶寶的重要性，有了家人的鼓勵與協助，在母親遇到困難時，就可以幫忙聯絡安排適當的協助。

產後立刻啟動泌乳機制

談到哺餵雙胞胎，許多母親腦海裡會出現同時哺餵兩個寶寶的畫面。曾經有位第三胎生雙胞胎的母親與我分享，同時哺餵兩個寶寶感覺像是在馬戲團耍花招，是非常高難度的表演。這是來自一位前兩胎都哺餵母乳，且對哺乳技巧已經熟練的母親，如果哺餵對這位第三胎雙胞胎母親來說都有困難度，可以想見同時哺餵兩個寶寶對新手媽媽會是多麼大的挑戰。但只要有足夠的協助與支持，所有的母親都能哺餵雙胞胎。

那麼哺餵雙胞胎有可能嗎？答案是肯定的。如果你了解乳汁的分泌取決於供需的原理——當你餵的越多，奶量的分泌就會越多，你就會相信哺餵雙胞胎一定不是問題。

全母乳哺餵當然最好而且非常有可能做到，但如果遇到了狀況干擾哺乳，那麼部分哺乳會比完全沒有哺乳來得好。如果是部分哺乳，那麼多一點的母乳會比少一點更好。

如果其中一個寶寶或兩個寶寶出生時較小、體重較輕或早產，你可能暫時還無法親餵——你可能會覺得有點失落有點沮喪。但你知道母乳對於早產兒的重要，讓護理人員知道你想哺乳的意願、尋求協助，讓他們指導你手擠乳的技巧。

母親在這時候最需要有哺乳經驗的夥伴，一個能夠支持你的人可以讓你有能夠哺乳的信心。先建立自己的奶量，等寶寶夠大、有力氣可以吸吮時，寶寶們就能順利回到乳房。

產檯上哺乳

在母嬰親善醫院，產檯上肌膚接觸、盡早開始哺乳。寶寶的尋乳反射在剛出生時是最敏感的，如果產後盡快將寶寶抱到乳房，讓他嘗試含乳，這不僅對寶寶含乳有幫助，且對母親乳汁的分泌刺激也有很大的效果。

第一次含乳時，醫院的護理人員能協助指導——如何讓寶寶順利含上乳房，教導不同抱法及哺餵姿勢，指導一次哺餵一個，或同時哺餵兩個的做法。不同的情況會有不同的哺餵方式，雙胞胎常常會比單胞胎提早出生，在寶寶不完全成熟的狀況下，有些寶寶含乳及吸吮會遇到困難。

當哺乳出現問題時，母親及家人第一個想到的就是放棄哺乳。他們可能會說，哺餵雙胞胎會花掉你很多的時間，但他們或許沒有考慮到，站在水槽前準備母乳替代品及清洗奶瓶，然後再瓶餵寶寶，會花掉你更多的時間。

一次哺餵一個寶寶與同時哺餵兩個寶寶的差別在於，寶寶含乳的姿勢及每次哺乳的時間。如果寶寶在含乳上遇到困難，預約 IBCLC 國際認證泌乳顧問能夠指導母親哺乳的姿勢，及確認寶寶有喝到足夠的乳汁。

開始哺餵雙胞胎

營造方便的哺乳空間

新生兒哺乳需要花費比較長的時間，雙胞胎哺乳更是雙倍，營造一個能夠讓媽媽舒適哺乳的空間就顯得更重要。媽媽可以隨意的躺下或舒服的坐著，周邊準備一些媽媽可以隨時補充體力的糧食、飲品，媽媽可以隨手取得的毛毯、枕頭，當媽媽的手被寶寶佔用無法輕易移動時，準備幾個區域讓媽媽可以隨時舒服的哺乳。

TIPS

擠奶的次數需模擬親餵寶寶的方式

產後二十四小時內開始進行手擠乳，啟動泌乳機制，擠出的乳汁，就算一點點也要確定餵給寶寶，即使是少量的初乳，對寶寶的免疫系統也有保護效果。擠奶的次數需模擬親餵寶寶的方式，二十四小時內擠十至十二次，大約每兩小時一次，一開始擠奶的時間不需要很長，但次數頻繁很重要，半夜至少擠一次。

哺餵兩個寶寶需要多少時間？

親餵的寶寶一天內（二十四小時內）哺餵六至十二次都算是正常的哺乳頻率，一次哺餵的時間長短也會依母親的奶量及寶寶吸吮的需求變動，一般來說，新生兒一次哺餵的時間在二十至四十分鐘都屬正常。

有些寶寶尤其是體重較輕的寶寶，含乳的時間會比體重大的寶寶更長，媽媽如果把哺乳的時間當作是與寶寶親密接觸的時間，心情會比較輕鬆。

依個別寶寶狀況來哺乳

每個寶寶都是獨特的，即使是同卵雙胞胎，寶寶還是獨一無二、有自己的個性、自己的喜好、自己帶給媽媽的挑戰。媽媽在尋求哺乳協助時應提醒協助者分開觀察及指導，因為第一個寶寶所呈現的問題會與第二個寶寶不同，寶寶的成熟度會影響含乳與吸吮，親餵的狀況會依寶寶的成長狀況而改變。

哺餵雙胞胎的方法

- 兩個一起餵
- 一次餵一個寶寶，兩個輪流餵
- A 寶喝右邊 B 寶喝左邊
- 喝得比較好的親餵，喝得比較不好的瓶餵
- 長得比較小的親餵，長得比較大的瓶餵

哺餵雙胞胎的方法

同時哺餵兩個寶寶

許多母親不確定是否應該從第一次餵奶就開始同時哺餵兩個？尤其是第一胎的母親，要同時哺餵兩個寶寶，需要熟練的技巧，一開始可能有點棘手，但一旦熟練了同時哺餵兩個寶寶的技巧時，哺乳就會變得很輕鬆。

同時哺餵兩個寶寶應該等到至少一個寶寶已經可以很自然的含上乳房，不需要媽媽太多的協助時開始。兩個寶寶中一定有一個含乳較好，另一個比較需要媽媽輔助，但隨著寶寶成長，吸吮與吞嚥會越來越成熟，同時哺餵兩個寶寶也比較容易達成。

在這之前，媽媽不需要太急著要同時哺餵兩個寶寶，同時餵飽兩個寶寶雖然省時方便，但當寶寶含乳不佳或母親還沒掌握親餵的技巧

TIPS

雙胞胎仍依個別需求哺餵

依需求哺餵母乳在產後初期對於奶量的建立非常重要，尤其是哺餵雙胞胎或多胞胎時，寶寶可能會因為體重較輕、吸吮力不佳導致無法有效率的喝奶，頻繁的哺乳能夠確保寶寶攝取到足夠的母乳，太早要求寶寶進入規律的作息會導致奶量攝取不足，也因而影響母親，因奶水移出效率不高，而導致乳汁分泌不足。

橄欖球式抱法

時，同時餵奶可能會出現雙倍的問題。如果媽媽採用同時哺餵兩個寶寶的做法，當一個寶寶醒來討奶而另一個寶寶還在睡覺時，媽媽需要同時把睡眠中的寶寶吵醒喝奶，寶寶很快能適應睡夢中被挖起來喝奶且能邊睡邊喝。一旦餵奶同步時，母親就能縮短餵奶的時間。

一次哺餵一個寶寶

一般來說，每個寶寶是獨立個體，寶寶有自己的生理時鐘及喝奶規律。即使是雙胞胎，一個餓了並不代表另一個也餓了。有些母親不喜歡在寶寶睡覺時吵醒寶寶喝奶；有些時候雙胞胎的其中一個比另一個需要更頻繁的餵時，媽媽可以採用餵完一個後馬上接著餵另一個的做法。如此一來，兩個寶寶餵奶的時間就會整合，才不會遇到剛餵完

哺乳小.疑.問

當哺餵一個寶寶時另一個寶寶放哪裡？

當媽媽哺餵一個寶寶時，另一個寶寶應放置在母親可以碰觸的地方，一個安全低平面，寶寶不會輕易掉下來的地方或者是媽媽的身旁。

一個，媽媽才要躺下來休息，另一個就醒來的狀況。

一次哺餵一個，在初期是比較容易達成的目標；同時哺餵兩個，在寶寶可以控制自己頸部時會比較容易。

混合同步與一次餵一個寶寶的餵法

一旦哺乳技巧熟練後，媽媽可以嘗試依狀況調整餵奶的方式，有時候當媽媽在哺餵一個寶寶時，另一個寶寶在床上或搖籃裡哭鬧，這種情況媽媽很難放鬆的餵奶，同時哺餵可以讓母親同時安撫兩個寶寶。

當寶寶生病尤其是鼻塞或咳嗽時，媽媽需要花比較多的時間來調整寶寶的姿勢以讓寶寶可以邊喝奶邊呼吸。一次哺餵一個寶寶在困難時期可以讓母親更專注在一個寶寶身上。

一個寶寶一邊還是左右交替

媽媽很快的就能找到自己覺得最好的餵法，有些母親喜歡固定一人一邊，但有些會發現，一個寶寶的吸力比另一個寶寶強，所以左右交替餵食能夠讓兩邊乳房都建立奶量。有些母親左右乳房乳汁分泌量不同，左右交替能夠確認兩個寶寶都喝到足夠的乳汁，而不是一個喝多另一個喝少。

左右交替的另一個好處是，寶寶在喝奶時看到的景象也比餵單邊來得多。有些寶寶會特別挑剔某邊的乳房，一旦習慣了餵法，媽媽會很慣性的把寶寶抱到喜歡的那側，而比較不挑的那個寶寶就只能喝另一側。

當雙胞胎不是第一胎時

哺餵雙胞胎（橄欖球式抱法＋搖籃抱法）

如果家裡有個學步兒但媽媽還要照顧雙胞胎時，哺餵母乳讓母親可以有坐下來休息的時間。如果同時哺餵兩個寶寶，媽媽會無法移動，以下幾點會讓哺乳更順暢：

- 確認家裡的兒童安全，門是關閉大小孩不會自己往外跑。
- 確認大小孩能夠自己上廁所或是在餵奶前先讓大小孩上廁所。佈置餵奶環境，舒服的椅子、水、零食、玩具、遙控器、手機，所有你或你的大小孩有可能會用到的東西，都是在你隨手可得的範圍內。
- 使用讓你能騰出一隻手來跟大小孩玩耍的餵奶姿勢。
- 佈置一個空間讓大小孩同時間在你身旁吃飯。
- 把大小孩的午睡時間調整到你餵奶的時間。
- 在雙胞胎不需要喝奶的時間，請家人照顧寶寶，媽媽留時間單獨陪伴大小孩。
- 尋找有大小孩的雙胞胎媽媽，互相支持互相學習。

媽媽的身心靈健康

足夠的飲食補充及休息

哺乳的媽媽需要頻繁的補充能量來照顧寶寶，雙胞胎媽媽消耗的

能量比照顧一個寶寶來得多，吃、吃、吃，適時的補充能量能夠減輕媽媽的疲憊感。家裡須備有很多食物，最好是煮好加熱就可以食用的食物。能躺就不坐、能坐就不站，在照顧雙胞胎初期媽媽應盡量想辦法讓自己越輕鬆越好。運動能夠讓母親有體力，這不需要是激烈的運動，但把寶寶放在推車，帶寶寶出去散步，會讓媽媽比較有精神且體力增加。

為自己尋找一個哺乳啦啦隊

哺餵母乳會遇到一些你從沒想過的挑戰，這些挑戰會讓你成長，讓你更能夠帶著孩子克服以後要面對的困難，哺乳需要很多的支持，在你身旁，尋找願意支持你哺乳的夥伴，看清誰是支持你哺乳的人，誰是會讓你放棄哺乳的人，當你需要哺乳啦啦隊，你就會知道找那些人才是會陪伴你成功哺乳的夥伴。

另一半的支持對母親哺餵母乳有很大的影響，照顧雙胞胎對父親來說也是很疲憊，但大部分的父親還是很願意半夜起來把寶寶抱到媽媽身邊喝奶，這種幫助與支持是非常珍貴的。

尋求支持團體

哺餵母乳需要很多支持，照顧雙寶或更多寶寶的生活需要更多了解照顧寶寶辛勞的夥伴陪伴。想要帶著兩個寶寶出門或許不容易，但參加母乳支持團體（台灣母乳協會母乳聚會）會讓媽媽解除內心照顧寶寶的一些疑惑。雖然參加支持團體的媽媽可能不像自己同時需照顧兩個寶寶，但照顧寶寶的喜怒哀樂是有共鳴的，在支持團體中，不僅可以得到更多的母乳哺餵知識，也能學習到其他媽媽照顧寶寶的技巧。

如果暫時無法出門，線上討論或許是一個很好、很快得到答案的方式，但線上討論與面對面討論還是不同，當面聊天可以讓媽媽覺得更真實、更能舒緩照顧寶寶疲憊的心靈。

照顧自己的心靈

同時照顧一個以上的寶寶對母親來說是一個極大的挑戰，給自己時間慢慢適應照顧寶寶的生活。接受家人的協助，減少自己的家務工作，因為大部分時間除了餵奶之外，你總是感覺疲憊。嘗試在餵奶時採側臥躺餵式餵法，讓自己可以一邊餵奶一邊快速補眠。對自己的要求不要太高，告訴自己一切會慢慢進入軌道，多抱抱寶寶、看看寶寶，看著他的每個微笑會讓媽媽心情開朗。

尋求支持團體可舒緩媽媽的心靈。

親餵還是瓶餵？

親餵或瓶餵是許多母親心裡掙扎的問題。母乳的餵養，除了提供新生兒最完整的營養及抗體之外，讓母親感受最深的就是，心靈上的親密感受。當母親的奶量已達到嬰兒需求，寶寶吸吮技巧也成熟後，媽媽與寶寶之間便可以感受到哺乳的親密與舒適，這種感覺是讓媽媽再辛苦也願意持續哺乳的動力。

選擇支持哺乳的生產機構

瓶餵母乳，也可提供寶寶無可取代的營養與抗體，但對母嬰雙方來說，缺少的是親餵時的親密接觸與舒適。瓶餵配方奶，提供寶寶的只是調配出來的營養，跟親餵及瓶餵母乳相較之下，還是有非常大的差距。親餵母乳感覺雖然美好，但有時也會讓母親們感到挫折，而瓶餵寶寶雖然表面上聽起來容易，但實際上正確、安全的備奶過程，也極為不簡單，而使瓶餵變得複雜及繁瑣。

許多母親在生產之前從來沒想過，要用哪一種方式哺餵自己的寶寶，大部分的餵食方式都是由生產的醫療院所決定。所以選擇一間可以支持母親順利哺乳的醫療院所就顯得相當重要。產後前兩週的哺乳通常具有挑戰性，如果生產醫院無法協助母親克服哺乳困難，母親面對母乳哺育的信心就會受影響，甚至會覺得自己無法感受到母乳哺育的好處與輕鬆，讓原本推廣母乳哺育的優點變成使母親與自己內心拉扯與對立的壓力。

母乳的推廣之所以強調親子同室，母嬰不分離的原因是因為，當母嬰分離後，寶寶在嬰兒室以每四小時喝一次奶且由奶瓶餵食時，寶寶很容易就習慣奶瓶的口感與流速。事實上在固定時間餵食寶寶的餵法普及之前，奶量不足的問題並不常見。

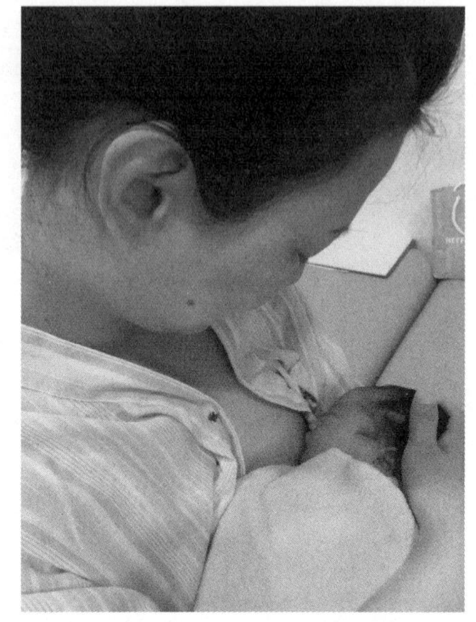

親子同室方便依寶寶需求哺餵。

多吸吮多刺激以建立奶量

乳汁的分泌取決於乳房的供需原理，從早期的多吸吮、多刺激以建立奶量，到減少吸吮次數以讓乳房處於腫脹狀態、減少乳汁的分泌，母親的乳房在這過程都是依照寶寶的餵食需求來因應。

但在配方奶大量行銷後，定時餵奶及使用奶瓶開始被大量推廣，使得母親產後乳房吸吮次數不足、泌乳刺激不夠，因而產生了產後乳房腫脹、後續奶量不足的問題。

一個全親餵的新生兒生理餵食的需求大約是兩小時一次，所以當寶寶因被包得太緊或額外補充瓶餵而拉長需要被餵食的時間，母親就必須自己模擬兩小時餵一次的過程來協助建立奶量。這個過程雖然辛苦，但奶量的多寡取決於產後兩週的辛勞，一點小小的付出可換取幾年哺乳的親密與舒適感，只要看著寶寶天真無邪的小臉龐，媽媽就會知道這一切都是值得的。

瓶餵及混合餵食

如果母親不確定自己要用哪一種方式來哺餵寶寶，先想想，添加配方奶或許是一個隨時都存在的退路，但母乳哺育並不會一直存在。當母親選擇使用奶瓶來餵食後，寶寶要回到母親的乳房則會變得困難，奶量的建立也極具挑戰。

全母乳哺育是正常新生兒應該有的哺育方式，但某些原因造成哺乳上的困難，混合餵食會比完全喝配方奶來得好。即使媽媽認為寶寶喝到的並不多，但哺餵母乳是母親與寶寶的精神食糧，不能喝飽但卻能喝得心安。

同時讓寶寶喝母奶和配方奶

很多寶寶可能在不同的情況下被添加配方奶，導致媽媽一直認為自己乳汁不足、需要額外補充配方奶。在母親奶量追上寶寶的食量前，寶寶或許需要持續補充配方奶。

有些母親會先親餵再補充配方奶，有些母親會瓶餵母乳後再添加配方奶。不管是親餵母乳或是瓶餵母乳，在同一餐中同時給予母乳及配方奶是可行的，但切記，不要把母乳混和配方奶餵食寶寶。若寶寶需要補充配方奶，正確的調配方式須嚴格執行，以免寶寶健康受影響。

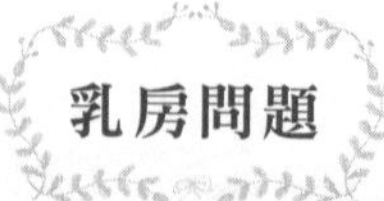

乳房形狀會影響哺乳嗎？

女人的乳房常被用於判定一個女人身材的好壞，女人性感的象徵，但每位女性的乳房都具有獨特性，其形狀與大小也因人而異。

乳房的豐滿度是由脂肪組織多寡來決定，與奶量無關，乳腺細胞才是控制乳汁分泌的重要元素，不只乳房具有各種不同的形狀，乳頭的形狀也包含所謂的正常、平坦、凹陷、大乳頭等形狀。不同形狀的乳頭對於哺乳的影響其實不大，最重要的是，讓寶寶出生後盡快接觸乳房、熟悉乳房，熟練含乳的技巧。

乳房構造圖

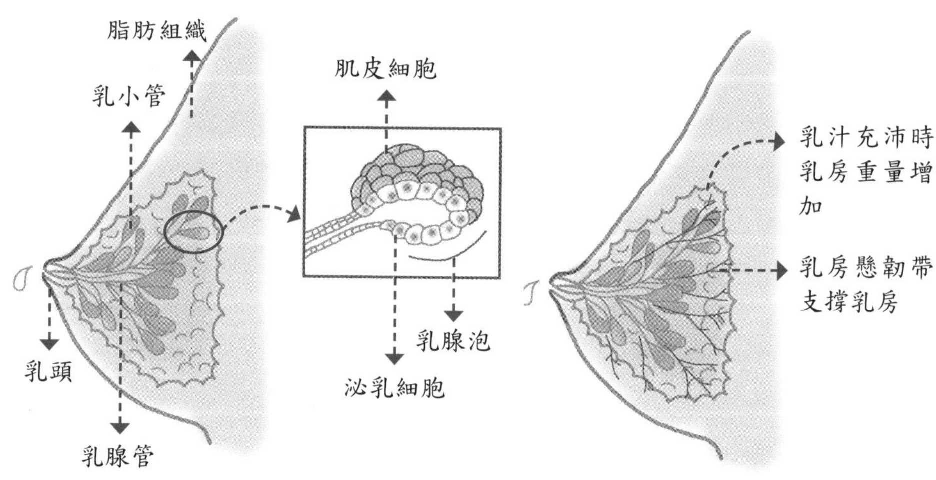

乳頭形狀不影響含乳

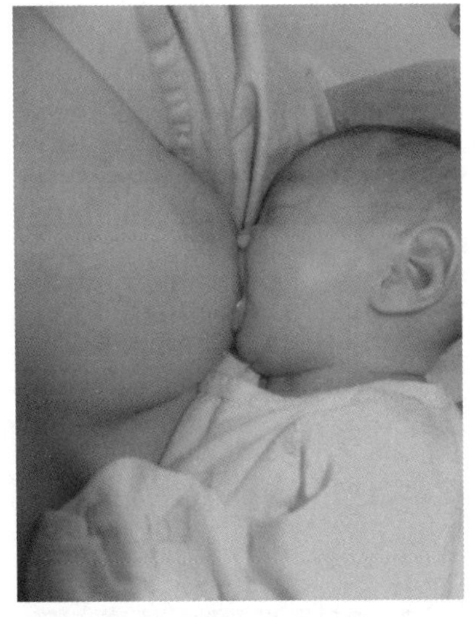

正確含乳含住的是部分乳暈。

乳頭較平或凹陷的母親在產前常擔心自己乳頭的形狀會影響哺乳，其實寶寶喝奶時含住的並不是乳頭而是部分的乳暈，所以一般來說，乳頭的形狀對哺乳的影響不大，但如果寶寶第一口含上的不是乳房而是奶瓶時，含乳的難度會因此而增加。

產後前兩天在母親的乳房還沒脹奶的情況下，乳暈的延展性比較高，寶寶含乳比較容易。正確評估乳頭是否扁平，或凹陷的程度是否會影響哺乳非常重要，當母親把寶寶放在嬰兒室，等待護理人員的呼喚才去哺乳時，這種情況很容易因為寶寶不含乳，而被誤判為乳頭短平導致寶寶不願意含乳。

寶寶不願意含乳通常是因為在很飢餓的情況下喝不到，或是喝不好，一位有經驗的國際認證泌乳顧問可以引導母親順利的哺乳。當寶寶暫時無法含上乳房時，媽媽一定要先擠奶把奶量建立好，有奶寶寶才會願意再回到乳房。

大乳房與哺乳：大乳房不代表奶多

乳房大的母親有時候會聽到不清楚母乳分泌機制的親友說出，「乳房那麼大應該很好餵奶」、「乳房那麼大應該會有很多奶水」等不成熟的評論。

乳房的尺寸與乳汁的分泌並沒有畫上等號，大尺寸的乳房不代表會有很多奶或很容易餵奶。乳房的尺寸，不管是大或小，都不代表乳汁分泌的多寡。乳房是由脂肪組織、乳腺組織、結締組織組成，乳房的尺寸會因乳房內所儲存的脂肪多或少而改變，而乳汁的分泌是由乳腺組織來控制。

不一定會讓哺乳變得困難或輕鬆

有些母親與寶寶可以很順利、無困擾的哺乳，但許多母親與寶寶需要花更多的精力與時間來練習，這與乳房的大小沒有直接的關聯。一個為自己大乳房所困擾的母親或許會忽然發現寶寶可以順利含乳吸吮，而對自己的乳房感到欣慰，他發現，原來一直以來困擾著他的大乳房也可以執行它原本設計該做的事情。與其他母親一樣，哺餵新生兒的姿勢及含乳的姿勢是重點，如果媽媽仔細觀察及調整寶寶含乳的姿勢，哺乳一樣可以很容易。

大乳房的哺乳姿勢

一般來說，搖籃式抱法、橄欖球式抱法、側臥躺餵式餵法都是乳房大的媽媽可以使用的姿勢。大乳房通常寶寶含乳的位置會比一般情況來得低，寶寶的身體依靠在母親的腿上，不需要以枕頭支撐。母親如果用手指把乳房塑形壓成與寶寶嘴巴平行的扁平形狀，通常含乳會比較容易。當寶寶含上乳房後，母親的手指就能放開。媽媽們需要嘗試多種姿勢來找出最適合自己的餵法。

哺乳
小.疑.問

寶寶每次吸吮一側乳房都很痛但另一側不會？

如果哺乳時媽媽感覺疼痛，那媽媽就很難享受哺乳，但如果寶寶很會吸吮，且只有單邊乳房疼痛，這種情況下，媽媽通常不會輕易放棄哺乳。

哺乳時只有單側會疼痛通常與寶寶兩邊臉頰或頭顱不對稱有關，被拉得比較緊的那側舌頭的延展性比較低，在舌頭與乳頭的頻繁摩擦下，容易造成乳頭破皮。當哺餵左邊乳房不會疼痛的狀況下，媽媽可以嘗試用相同的姿勢哺餵右邊乳房，也就是右邊乳房使用橄欖球式抱法。別擔心，你不會一直需要用這種姿勢，吸吮有助於寶寶口腔的微調，漸漸的寶寶吸吮會更熟練，媽媽也就能改變哺餵的姿勢。

哺乳時的乳房疾病有哪些？

念珠菌感染

哺乳時乳頭經常會有搔癢或出現白點的狀況，為什麼呢？念珠菌是一種黴菌，存在於人體的口腔、呼吸道、腸胃及陰道。在身體免疫功能正常時，它的存在不會有太大的影響，但當免疫系統較弱時就會出現一些問題。

寶寶的症狀

在哺餵母乳的寶寶中，念珠菌常會造成寶寶的鵝口瘡及尿布疹。鵝口瘡是白色念珠菌所引起的口腔發炎，在寶寶口腔黏膜包括臉頰兩側、舌頭、嘴唇內側會出現白色斑點，如果沒有及時處理，白色斑點會聚集成一大片白色膜狀物。

念珠菌的傳染性很高，寶寶會透過口水流出導致臉頰出現紅疹，在臀部也會出現念珠菌性尿布疹。

媽媽的症狀

親餵的寶寶因接觸到母親的乳房，寶寶與母親會反覆交叉感染，若不及時接受治療，母親的乳頭、乳暈會變得搔癢、敏感，哺餵時有疼痛及灼熱感。

治療及改善

在媽媽或寶寶其中一人感染了念珠菌或同時感染的情況下、母親與寶寶需同時接受治療，以避免交叉感染，念珠菌治癒的效果很高，只要盡快接受治療，並不會影響寶寶的健康，但如果媽媽或寶寶反覆感染，建議媽媽詢問醫師，檢查是否有免疫低下的問題。

在母親或寶寶一方因疾病或乳腺炎需使用抗生素時，念珠菌感染的機率也會增加，母親補充益生菌可減緩感染的機率。

乳頭雷諾氏症

乳頭雷諾氏症指的是血管局部痙攣導致血液無法輸送至身體的某部位，常發生於身體的末端，溫度下降時身體所產生的反應。乳頭雷諾氏症通常發生在寶寶哺乳完畢、脫離乳房的那一刻，或擠乳器脫離乳房那一瞬間，乳頭會有強烈的刺痛感，乳頭顏色呈現缺氧性翻白，隨著血液的回流漸漸恢復到原來的顏色，疼痛也慢慢減緩。造成乳頭雷諾氏症的原因是，由於血管的痙攣導致乳頭無法得到正常血流的供應。

為什麼會有這種狀況？

雖然雷諾氏症是因為溫度的改變，導致支配血管的神經接受刺激而造成的敏感反應，但溫度下降或天氣冷並不是導致雷諾氏症的主要原因。通常乳頭雷諾氏症會發生主要原因是寶寶含乳不良或吸乳器吸力太強，使得乳頭反覆受傷及感染造成。

常見的狀況是當母親自認為乳頭有小白點，很勇敢的自己拿針挑破，乳頭因此而感染但又沒得到妥善的治療，或念珠菌感染反覆沒治癒，也都會引發雷諾氏症的發生。

如何減緩及改善雷諾氏症？

在乳頭塗抹橄欖油或補充維生素 B_6 對有些媽媽來說是有幫助的。乳頭熱敷也能減緩疼痛，在寶寶離開乳房或擠乳器離開乳房的那一瞬間，用濕熱的毛巾熱敷乳頭，媽媽可以立刻感覺乳頭的疼痛稍緩解。

但如果雷諾氏症是因寶寶含乳不良或乳頭感染所引起，熱敷並不能完全解決雷諾氏症問題。如果是因含乳造成，媽媽應尋求泌乳顧問的諮詢找出及改善寶寶含乳的情況，但如果是因感染造成，治療好感染的問題才不會讓乳頭疼痛的問題反覆發生。

哺乳期乳房有硬塊／乳腺阻塞？

乳腺管是由許多細小的管腺組成，像樹根一樣的分支，形成了一個網絡從乳房深層延伸至乳頭。透過肌皮細胞的收縮把乳汁由乳房深層運輸至乳頭，讓乳汁可以順暢的在乳腺管內流動。

雖然乳腺阻塞是我們常聽到的用詞，但其實乳腺管並不是真的有東西塞住，而是乳房內乳腺管有些區塊流速比較不順暢，導致後端乳汁淤積形成硬塊與造成乳房不適。

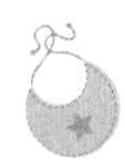

乳房腫脹及乳腺發炎

乳房腫脹時，乳房會感覺緊繃、敏感、有些區塊有腫塊、碰觸時疼痛的現象。疼痛會抑制噴乳反射使乳汁更不容易流出導致乳汁淤積。較濃稠的乳汁或初乳也可能會造成乳腺管阻塞，解決方式就是頻繁的餵奶、移出乳汁，當乳腺阻塞沒有及時處理及緩解時，乳房會有腫脹、疼痛的感覺，若頻繁餵奶或擠奶還是無法解決時，媽媽需要找 IBCLC 國際認證泌乳顧問，或母乳親善的醫師評估是否有乳腺發炎的情況。

當乳房發生乳腺阻塞時，乳房有可能有以下徵狀：

- 疼痛的硬塊
- 乳房某區塊紅腫疼痛
- 乳頭白點

什麼情況會導致乳腺阻塞？

乳腺阻塞或乳腺管發炎通常是因為乳汁淤積所造成。

造成乳腺管阻塞的原因有：

- **定時餵食：**規定寶寶餵食的次數或錯過擠奶或餵奶。
- **含乳不正確：**可能導致寶寶無法把乳汁移出。寶寶含乳不正確除了姿勢的問題之外，也有可能是乳房過度腫脹導致含乳困難或舌繫帶緊的問題。
- **過緊的內衣或背帶：**可能會影響乳房的流暢度，如果長期對乳房某區塊施壓，被壓住的區塊容易造成阻塞。
- **媽媽與寶寶正在適應哺乳：**乳腺管不通暢通常發生於哺乳初期，當媽媽與寶寶正在適應哺乳時，這情況會讓媽媽感覺哺乳困難，但只要頻繁、持續哺乳，通常一週內乳腺管會比較通暢。

乳腺阻塞時寶寶喝得到奶嗎？

當乳腺阻塞時，寶寶還是會可以得到足夠的乳汁，但因為奶水流速變少變慢，寶寶可能會生氣或不高興。寶寶喝奶時可能會不安穩，媽媽可以趁寶寶吸吮阻塞乳房時一邊輕輕擠壓硬塊，讓寶寶的吸力及手指的壓力讓乳腺管通暢。鼓勵寶寶多吸吮阻塞那側，這樣問題可以更容易解決。

乳腺管阻塞時該怎麼做？

如果乳頭看得見阻塞的白點（小白點） 嘗試在乳頭塗橄欖油或溫水把乳頭泡軟後，用紗布巾輕輕擦拭再嘗試擠奶或餵奶，利用奶水的衝力把阻塞的小白點擠開。如果表面皮膚比較厚感覺不容易處理，媽媽應盡快請醫師處理。

盡量讓寶寶吸吮阻塞的乳房，奶水移出的次數越多，問題越容易解決。餵奶時，應注意寶寶含乳是否正確，含乳姿勢不正確有可能導致乳頭破皮，因皮膚有自癒的能力，如果經常破皮，乳頭皮膚會變厚，導致乳腺管被包覆而造成阻塞。

如果寶寶有含乳的問題，媽媽可以尋求 IBCLC 國際認證泌乳顧問的協助，評估寶寶的含乳狀況來避免乳腺管阻塞的問題。

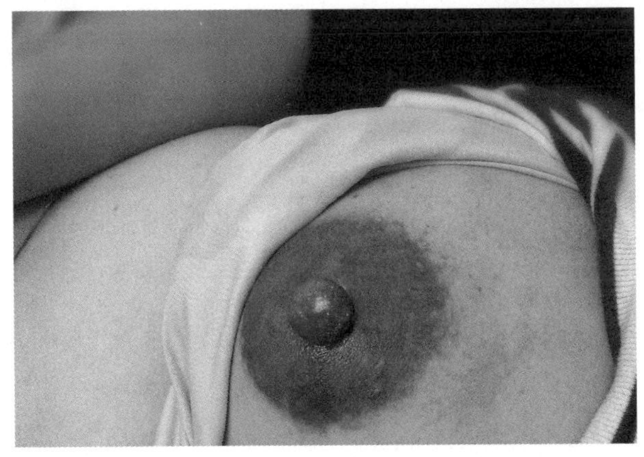

乳頭小白點。

乳腺炎時怎麼辦？

乳腺炎是哺乳媽媽最不想遇見的狀況，並不是每位哺乳的母親都會遇到乳腺炎，但這問題的確是常見的。乳汁淤積及乳腺管細菌感染是乳腺炎發生的主要原因。

乳腺炎的分類

非感染性乳腺炎

乳腺炎可分為非感染及感染性，非感染性的乳腺炎主要是由乳腺阻塞而引起，通常媽媽會感覺乳房疼痛，但不會發燒，解決的方式就是頻繁餵奶，讓乳腺暢通。

感染性乳腺炎

感染性乳腺炎通常發生於乳頭破皮的乳房，細菌經由乳頭侵入乳腺組織而引起發炎。細菌感染的乳腺炎通常會使乳房紅腫疼痛外加發燒，媽媽會感覺乳房有硬塊無法排除，且紅腫區塊持續擴大。如果持續惡化，乳房會產生膿瘍。

細菌性感染的乳腺炎通常需要就醫以抗生素治療，服用抗生素後，二十四小時內發燒狀況就會緩解，乳房的疼痛通常需要兩至三天的時間才會好轉，硬塊約三至五天才能排除。

無需刻意要把硬塊擠掉

乳腺發炎時，母親會有乳腺阻塞、乳房有擠不掉的硬塊及乳汁減少的感覺。許多媽媽遇到乳腺炎都會以乳腺管阻塞的硬塊來處理，但通常發炎的乳房如果大力搓揉只會讓發炎情況更嚴重，媽媽除了抗生素治療外，應正常餵奶或擠奶，無需刻意要把硬塊擠掉，發炎組織造成的硬塊是沒辦法擠掉的，發炎的組織需要七天左右的治療才會好轉，硬塊會自己慢慢消失。

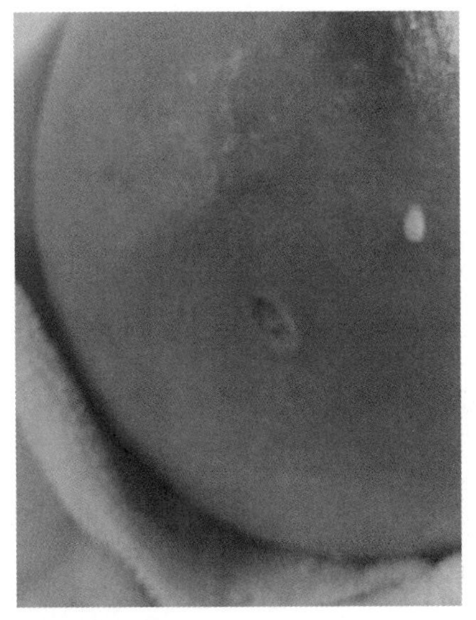

乳房膿瘍。

餵奶或擠奶後冷敷紅腫發炎的區塊可減緩乳房的疼痛。一旦有乳房疼痛或合併發燒症狀時，需儘快就醫治療。

細菌感染的乳腺炎如果不及早治療會導致乳房膿瘍。乳房膿瘍雖然會造成哺乳或擠乳的疼痛，但這並不是停止哺乳的理由。

乳腺炎可以持續哺乳嗎？

不管是細菌感染或非細菌感染的乳腺炎，持續哺乳是治療乳腺炎的最佳方式。停止哺乳會使乳汁淤積於乳房，使乳腺炎狀況惡化。搭配抗生素治療，頻繁移出乳汁讓乳腺保持通暢、冷敷紅腫部位、多喝水、多休息是治療乳腺炎的最好方式。

預防乳腺炎的方法：

1. 餵奶或擠奶前先洗手。
2. 確定寶寶含乳正確。
3. 使用擠乳器的母親需確認擠乳器口徑與乳頭大小規格適當，擠乳器的吸力不會過強導致乳頭破皮。
4. 避免斷然的離乳使乳汁淤積、乳房腫脹。
5. 避免太長時間不餵奶或擠奶。
6. 頻繁更換溢乳墊。
7. 換完尿布要餵奶前須記得再次洗手。

確定寶寶含乳正確並保持個人與餵奶周邊環境衛生，是避免乳腺發炎的重要因素。

TIPS

乳腺炎時不宜離乳

母親經常在乳腺發炎時選擇或被建議停止哺乳，但由於乳汁的分泌並不是說停馬上就可以停，所以如果斷然的停止哺乳，這過程也不見得輕鬆。除了發炎的傷口需照顧之外，還會使媽媽面對更腫脹的乳房，更嚴重的乳腺炎。

奶水太多過度泌乳？

奶水太多通常好發於產後初期，最有效的解決方法就是，讓寶寶無限制的哺乳。但如果奶量還是太多或噴乳反射太強，媽媽在哺乳期間須運用一些技巧，來減緩乳房過度泌乳的問題及寶寶吸吮的情況。

奶水太多會有哪些問題？

對寶寶的影響

- 體重上升太快。
- 喝奶時因噴乳反射太強導致來不及吞嚥、嗆到甚至抗拒乳房。
- 需頻繁的換尿布。
- 頻繁吐奶及脹氣問題，腸胃脹氣導致寶寶不舒服而尋求吸吮，這種情況很容易被誤判為寶寶沒喝飽。寶寶在短時間內就能喝到很多奶量，但對於吸吮的需求尚未被滿足。這種情況下，寶寶會出現吸吮需求的表徵，但又因為他的肚子已經很滿了，如果媽媽反覆的讓他回到乳房短暫吸吮，只會造成過度餵食反而容易吐奶。
- 誤判為乳糖不耐而導致提前離乳，奶量太多的媽媽因能在短時間滿足寶寶的奶量需求，使寶寶所喝到的乳汁中乳糖成分居多。寶寶的腸胃道無法吸收消化所有的乳糖，而導致腹脹及腸胃不適等問題。可參考「寶寶的便便是黃色或綠色是否有問題？」的處理建議。

對媽媽的影響

- 乳汁太多最困擾的就是頻繁的腫脹及漏奶。
- 過度腫脹的乳房如果不小心照護很容易會有乳腺發炎的狀況產生。適當的緩解腫脹的乳房在奶量太多的情況是必要的，但切記，只是適當的緩解而不是把乳房擠得很乾淨。

奶水太多該如何減量？

奶水太多的原因通常是因為過度擠奶所造成，雖然建立奶量一開始很重要，但許多母親在親餵之後還把乳房擠到乾扁，這過度的刺激會使奶量分泌越來越多，如果媽媽們不知道何時該停止擠乳，結果就是整個冷凍庫冰滿寶寶喝不到的乳汁。

奶水減量的方法

- 慢慢拉長擠奶的間隔。
- 擠奶至感覺不脹就停止，不要把乳房擠到非常的乾扁。
- 如果擠奶時間未到就感覺脹奶，先排出一些，讓乳房有較舒緩的感覺就好。
- 擠乳後冷敷降低乳房溫度及舒緩腫脹的感覺。
- 過程依每位母親的脹奶程度改變，通常一週可以達到減量的目標。
- 小心確定不要減量過度，導致乳汁不足又要重新追奶。

兩邊奶量不同？

兩邊乳房奶量差很多怎麼辦？這是個常見的問題，也是正常的狀況。兩邊乳房的構造本來就不是對稱的，但這不對稱的差別小到不足以讓我們發現，也不至於對身體造成影響。

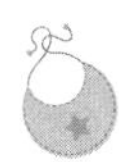

兩邊乳房為獨自運作

雖然兩邊乳房看起來很像，但兩個的功能獨自運作。所以當一邊乳房因某些原因而停止泌乳，另一邊的乳房卻可以獨自運作，分泌出足夠的乳汁讓母親持續哺乳。

乳汁分泌的多寡與移出的奶量有直接關係，寶寶通常會偏愛奶水多的那邊，媽媽也會偏愛擠量較多的那邊。許多哺乳中的母親發現，一邊的乳房比另外一邊感覺更容易充盈。如果寶寶特別偏愛某一邊、媽媽抱得比較順手，又或者寶寶覺得那個姿勢比較舒服、媽媽覺得那邊可擠出比較多的乳汁，使該邊乳房被刺激的時間較長，就會使該邊分泌較多的乳汁；而較少被刺激的那邊則因為刺激少、乳汁分泌少，寶寶也因為那側乳汁流速較慢而不愛吸吮，而使吸吮的時間較少，導致兩邊乳汁產量產生有落差。

遇到這種狀況，媽媽可以先從乳汁少的乳房開始哺餵，當流速變慢且寶寶開始煩躁時再換邊。之後如果寶寶還需要吸吮，給予分泌較少的乳房，這樣可以增加乳房受到刺激的次數，進而增加乳汁的分泌。

改變單邊乳房泌乳量

該如何改變乳房兩邊不同的奶量？媽媽們可以嘗試以下做法，來改變單邊乳房分泌乳汁的產量。

想要單邊乳房製造更多的奶量，哺乳時可以從乳汁分泌較少的那邊開始餵奶或擠奶。寶寶肚子餓時，吸吮的力道比較強，較強的吸吮力對分泌少乳房的刺激及產量有幫助。

有些寶寶肚子餓時要他吸吮少的那邊可能會生氣，這時媽媽可以在寶寶煩躁之前換邊，讓寶寶能夠快速喝到乳汁，待稍微有飽足感後再換邊。另一個避免寶寶生氣的做法是，在兩次餵奶之間，媽媽再次擠奶，隨著乳房刺激次數的增加，奶量也會增加。

如何增加兩邊的奶量？

1. **避免固定時間餵奶：**讓寶寶想喝就喝的餵法，可以避免乳房過度充盈而導致乳汁減少。

2. **確定含乳姿勢正確：**正確的含乳姿勢有助於乳汁的移出，間接影響乳汁的分泌。如果不確定寶寶是否含乳正確，媽媽應尋求專業人員的協助來評估含乳是否正確。

3. **確定每次餵奶時兩邊乳房的乳汁有順利移出：**乳汁的移出多寡不應該是由寶寶吸吮的時間來認定，而是應該由乳房的充盈度來評估，哺乳前的乳房應該是有重量且充滿乳汁的感覺，哺乳後的乳房則比較鬆軟且輕盈。

4. **避免瓶餵添加或使用奶嘴：**兩餐之間的過度餵食或使用奶嘴，會降低寶寶吸吮的力道、影響乳房的刺激程度。記得要從乳汁較少的那邊餵起！！

5. **避免讓寶寶邊喝邊睡：**確認寶寶兩邊乳房餵食的時間一樣長，如果寶寶喝到睡著，在進入熟睡前幫寶寶換到流量較快的那邊，等到流速變慢，再換回奶量較少的乳房繼續哺乳。

6. **多吃多喝多休息：**乳汁的分泌跟母親水分的攝取、休息的程度及母體健康狀況有直接的關聯。媽媽們應該多多觀察自己的感受，餓了就吃，渴了就喝，均衡飲食。

寶寶喝到的是前奶還是後奶？

許多母親聽說後奶的脂肪量較高，為了讓寶寶可以睡久一點或是吃胖一點，經常會出現是否要把前奶擠掉，讓寶寶喝到脂肪含量較高後奶的說法。

前奶與後奶間沒有明顯區別

前奶是一開始餵奶時寶寶所攝取到的乳汁，前奶的乳糖與乳清蛋白比例愈高，奶水的顏色就愈清澈。隨著寶寶的吸吮，乳房比較鬆軟時，脂肪成分比例會增加，顏色也會呈現乳白。乳房製造的乳汁其實只有一種，但因為母乳在哺餵時奶水釋放的機制，讓母乳有了成分比例上的不同。

母乳分泌過程中，乳汁中的脂肪會彼此粘附並且粘在乳腺泡壁上，隨著乳汁的分泌，收集在乳房中的奶水會逐漸往乳頭移動，越來越多的脂肪進一步粘在一起，乳腺管壁上就會有更多的乳脂。餵奶時間拉得越長乳脂就越厚。乳脂在哺乳過程中，隨著噴乳反射把乳脂從乳腺壁沖刷掉，卡在乳管內的乳脂越多，乳汁脂肪含量也越高。

把乳房從充盈喝到鬆軟即可

前奶與後奶的改變是漸進的，在哺餵的過程中並沒有很明顯的區別，前奶與後奶只是乳房充盈度的一個區別，乳房中的乳汁越少，脂肪含量越高。

乳汁脂肪含量也會受到哺餵時的狀態所影響，每個寶寶喝奶的頻率不同，吸吮的速度也不同，如果寶寶兩餐間隔很接近，寶寶這一餐喝到的前奶有可能是上一餐的後奶。原則上只要寶寶將乳房吸吮至鬆軟就代表奶水已有效率的移出。

媽媽不需要因為堅持要讓寶寶喝到所謂的後奶，而讓寶寶兩至三小時內只喝同一邊的乳房，或者寶寶喝得正順暢時一直換邊。讓寶寶順暢的哺餵，把乳房從充盈喝到鬆軟，喝到寶寶自己鬆開、滿足為止。媽媽可以完全不用擔心寶寶喝到的是前奶或是後奶的問題。

哺乳期間該怎麼吃？

打從懷孕開始，怎麼吃一直都是媽媽們擔心的事情。 一人吃兩人補在現在社會是否還是合適，其實需要謹慎地去思考。傳統吃一百隻雞坐月子的飲食習慣，對現在的手媽媽來說，或許是個不需要的壓力，現今社會的產婦，通常營養都很充足，少有營養不良的狀況。雖然懷孕及哺乳期是兩個需要增加營養攝取的階段，但怎麼補充才能讓母親有足夠的營養而又不會造成負擔呢？

讓吃變成一個負擔？

產後初期，母親因為生產所消耗的體力而需補充更多的營養，補充營養並不是要媽媽吃到撐、吃到吐，而是要依身體需求來進食。

哺乳中的母親很容易口渴及飢餓，尤其是哺乳後，媽媽很快又會有「肚子又餓了」的感覺。這原理跟一整天都在消耗體力的運動員是一樣的，但運動員並不會每次做完一個練習就馬上吃一口蛋糕來補回剛才消耗的體力；他們也不會不擔心，如果不吃，是否會無法持續當運動員。但哺乳中的母親卻一直處於擔心乳汁不足的狀態，例如擔心吃不好會影響乳汁的品質，吃不夠奶量會下降，吃太辣會影響寶寶，吃什麼才能使奶量增加等。

哺乳期的母親對自己的飲食會有特別的要求，平常或許隨便吃，但產後會在意自己是否吃得健康，甚至會特別在意食品的安全，深怕寶寶會因為自己的飲食習慣不佳而攝取到不安全的成分。

母親因哺乳而重視自己所吃的食物是否健康，對母親及整個家庭來說是一件好事，健康食材的攝取對母體的健康也會有正面的幫助，但可以放心的是，就算媽媽沒有每餐大魚大肉，母乳的品質也不會因此而降低，甚至有研究顯示，當母親營養不夠時，母乳的營養反而高。

這樣的說法不是要讓母親捨去月子期間享有滿漢大餐的權利，而是要讓無法餐餐都吃大魚大肉的母親了解，哺乳期的飲食需要的，只是正常的飲食，依據自己身體的聲音，餓了就吃、渴了就喝，吃自己想吃的食物，別讓吃成為另一個負擔。

哺乳的母親可以喝酒嗎？

母親產後酗酒的問題在台灣或其他亞洲地區並不常見，但媽媽會擔心，月子期間家人為他準備的全酒麻油雞，或補身體的藥酒喝了是否對寶寶有影響。全酒麻油雞在有烹煮的情況下，酒精會在加熱的過程中蒸發，食用時不會有酒精影響的問題。如果媽媽擔心酒精殘留，在烹煮時只要拉長雞酒煮滾的時間，就可降低酒精的濃度。

為了寶寶的安全，不要攝取任何酒精是最安全的做法。有些家庭有祖傳的藥酒，會要求媽媽坐月子期間一定要每天一杯，在母親飲酒的情況下，酒精會在血液與母乳中流動，血液中酒精濃度多少，母乳中酒精濃度就多少。雖然母親只喝了小杯藥酒，但因為寶寶肝臟代謝功能比大人差，尤其是三個月內的寶寶，酒精對寶寶的吸吮及睡眠就會有影響，許多寶寶會有嗜睡的情況。除此之外，酒精對寶寶大腦及發育也會有影響。

母親喝酒除了要擔心哺乳是否會影響寶寶之外，還必須注意媽媽是否會過度飲酒而無法照顧寶寶，建議喝酒的媽媽不要與寶寶同床，如果母親發現自己有頻繁喝酒的機率，建議和家庭醫師聊聊是否有酗酒的問題。

如何降低酒精對寶寶的影響？

在無法拒絕或避免的狀況下，母親如何降低酒精對寶寶的影響？酒精代謝的速度大約在母親飲酒之後的三十至六十分鐘內會輸送到血液及母乳中，飲酒後的第一個小時是酒精在母乳中含量的最高點，當母親停止攝取酒精，酒精含量會下降，代謝的速度取決於酒精的種類、母親的體重及是否和食物一起攝取。

在寶寶三個月之後，如果母親偶爾想要小酌或因應酬需要喝酒，建議媽媽在喝酒後給身體一些代謝的時間，大約兩小時之後再餵奶比較安全。

飲食不均衡時，母乳的品質還是比配方奶好嗎？

一般來說，哺乳時的母親會想要讓自己母乳的品質更好，而非常注意自己的飲食，有些媽媽甚至對食物的來源更是挑剔，為的就是讓寶寶可以得到更好的母乳。其實不管媽媽吃得多好或只吃便當及速食，媽媽還是可以製造出適合寶寶的母乳，母乳中的營養、活性抗體及免疫功能是配方奶無法取代的。

媽媽飲食的選擇影響的是母體本身，而非所製造的母奶，媽媽吃得營養均衡就比較有體力照顧寶寶，心情也會比較好，但如果媽媽都只吃速食而不吃蔬菜，所有的反應會在媽媽身上而不是母乳。

要照顧好寶寶，媽媽必須照顧好自己，如果知道自己飲食不均衡或許是一個讓自己飲食均衡的機會，這樣一來寶寶開始吃固體食物時，也能吃得健康一點。這些問題都不是改喝配方奶就能解決的！

哺乳
小.疑.問

抽菸的媽媽可以哺乳嗎？

答案是肯定的，抽菸的媽媽都知道在寶寶旁邊抽菸對寶寶有害，所以抽菸時都會離寶寶遠一點，接觸寶寶前也會先洗手甚至換過衣服才抱寶寶。沒有抽菸的人可能不了解戒菸所帶來的困擾，媽媽可能會因為戒菸而心情不好或者會以抽菸為由而放棄哺乳。在母親抽菸的情況下，哺餵母乳對寶寶還是有保護效果，如果因為抽菸而不哺乳，寶寶除了接觸到菸害之外還喪失了母乳對他的保護。

媽媽生病時可以哺乳嗎？

哺乳的母親常會因為擔心自己生病時吃藥會影響寶寶，而忍著不舒服也不願意看醫生吃藥治療，其實，當媽媽生病時，持續哺乳對母親與寶寶來說是最好的。只有極少部分嚴重的疾病需要終止母親哺乳，大部分的狀況是可以持續哺乳的。

哺乳可使寶寶得到抗體

當媽媽感冒時，大部分的病毒早就在母親有感冒徵兆前就已經存在，在這種情況下，寶寶在與母親接觸的過程中就有可能已經感染，但媽媽會發現，當母親感冒時哺餵母乳的寶寶比較不會有感冒的徵兆出現，寶寶可以從母乳中得到抗體以減緩感冒症狀。母親感冒時要勤洗手、避免與寶寶親吻或在寶寶旁邊打噴嚏。

生病時持續哺乳讓媽媽可以得到更多的休息時間，一邊哺餵寶寶一邊睡覺，哺乳結束後請家人照顧寶寶，

TIPS

生病時不宜突然斷奶

媽媽生病的情況下緊急退奶並不是明智的做法，當媽媽生病身體不舒服的情況下還需要處理寶寶因不能哺乳而產生的煩躁情緒，對媽媽來說是更大的負擔，除了要安撫寶寶的情緒之外，乳房也是需要照顧。突然的斷奶會使乳房腫脹，這做法只會讓母親更不舒服。

媽媽可以持續躺在床上休息。若不舒服可與醫師討論、選擇哺乳期可服用的藥物，大部分的藥物對寶寶沒有太大的影響，媽媽可以放心治療且持續哺乳。

 乳房做過手術還能哺乳嗎？

一般比較常見的乳房手術包含隆乳、縮胸、乳頭整型、乳房腫瘤切除手術，哺餵母乳的關鍵在於乳汁的分泌，乳汁的分泌是受乳房腺體、乳腺管以及神經影響。

隆乳是最不會影響乳汁分泌的乳房手術，但這當然還會受母親本身乳房的發育及手術的做法而有所不同。一般來說，隆乳手術是在胸大肌後或乳腺後空隙植入，這兩種做法都是在乳腺後面，並不影響乳腺，對哺乳不會有影響，但如果本身因為乳房線體發育不全而隆乳，即使乳房的形狀改變，乳汁的分泌可能還是會受影響。通常母親必須在產後初期依乳房奶水移出頻率及刺激次數來建立足量的奶水分泌。移出的次數越多，乳汁分泌就越多。

其他乳房的手術是否影響乳汁分泌？在於乳房的切除是否切到乳腺，許多進行乳房縮胸手術的母親雖然不能分泌足夠的乳汁以全母乳哺餵寶寶，但通常還是可以分泌一些乳汁。在這種情況下，母親可以使用哺乳輔助器在胸前添加額外的乳汁，讓寶寶可以持續在乳房得到足夠的奶水。

牙痛需要治療時可以持續哺乳嗎？

哺乳的母親如果遇到牙痛的問題，常常會擔心看牙所使用的麻醉藥會影響寶寶而不敢去做治療。其實即使是根管治療，局部麻醉的麻醉藥劑量少之又少，且不會被寶寶腸胃吸收，對寶寶不會有任何影響，媽媽可以放心的哺乳。

哺乳期可以做 X 光檢查嗎？

一般來說，母親在做 X 光、核磁共振、電腦斷層、超音波、血管造影、乳房 X 光攝影時完全不需要停止哺乳，這些檢查對母乳一點影響也沒有，有些檢查會需要使用顯影劑輔助，顯影劑也不會影響母乳，所以母親可以持續哺乳。

產後憂鬱的媽媽可以哺乳嗎？

當媽媽可以說出自己有產後憂鬱且已準備好要哺乳，代表媽媽心情已經有比較好的轉變。產後母親有時會因為荷爾蒙的改變導致情緒波動，使媽媽在面對寶寶時除了哭泣還是哭泣，並不是乳汁不足而是產後的生活讓媽媽備感壓力。順利哺乳有助於穩定情緒，不管是母親或寶寶的情緒，只要能夠抱在一起、躺著餵奶，媽媽及寶寶的情緒就能穩定。媽媽如果有產後憂鬱的情況，尋求專業的協助能夠改善問題。如果是寶寶含乳的問題，尋求泌乳顧問的協助可以有效改善哺乳的困擾。只要媽媽已經準備好哺乳的心情，哺乳一定有可能。

哺乳時的生活會受影響嗎？

哺乳有助避孕嗎？

泌乳停經法（Lactational Amenorrhea Method，LAM）是指全母乳哺育的狀況下，媽媽會有一段閉經的期間，這是一種天然的避孕方式。要使用泌乳停經法來避孕，必須符合以下條件：

- 白天兩餐餵奶間格不超過四小時，半夜餵奶間格不超過六小時。混餵、擠出來餵，或寶寶開始添加固體食物都會降低避孕的效果。
- 寶寶必須小於六個月。
- 媽媽月經尚未恢復。

哺乳可延長月經恢復的時間，但沒有來月經並不代表就不會懷孕。當寶寶開始拉長睡眠時間或減少哺乳次數時，媽媽受孕的機率就會增加，要避免產後快速懷孕，即使是全母乳哺餵也要使用其他避孕方式以降低再次懷孕的機率。

懷孕了還可以繼續哺乳嗎？

哺乳不代表不會懷孕，懷孕了也不代表需要離乳，許多母親在孕期選擇持續哺乳，但懷孕時因荷爾蒙改變，乳房會變得比較敏感，乳汁分泌也會減少，大部分的母親會依照自己可以忍受的程度選擇持續哺乳或離乳。

有時候寶寶如果副食品吃得好的話，也有可能會因為乳汁量少而自行離乳。有些媽媽反應持續哺乳的好處是當遇到產後腫脹時，大小孩可以比較有效率的把乳汁移出，減緩腫脹的不適，但也有母親反應，要跟大小孩溝通與新生兒分享乳房需要一些技巧。

哺乳的媽媽可以染頭髮嗎？

愛美是女人的天性，產後初期，由於母親還在適應照顧孩子的生活且身體也還在恢復的階段，前四個月的生活都是依照寶寶來規劃，母親很少想到要打扮自己。但隨著寶寶的成長，媽媽的生活也漸入佳境，上美容院洗、剪、燙、染也變成媽媽難得的享受。

很多媽媽會擔心哺乳期染髮對寶寶會有傷害，但從來沒想過染髮對媽媽身體的影響更大。哺乳染髮其實跟媽媽吃了有含有農藥的蔬菜是否還能餵奶是一樣的，不管媽媽接觸了什麼化學物品，第一個影響的還是母體。

哺乳母親染髮或燙髮不會對寶寶產生任何的影響，但因為染劑含有化學成分，在燙染後接觸寶寶時，須避免讓寶寶接觸到媽媽的頭髮以免寶寶有皮膚過敏的反應。

為什麼選擇不哺乳？

每位母親的狀況不一樣，但只有母親自己最能夠了解自己最想怎麼做。有時母親會因為別人告知的哺乳困難而對哺乳感到害怕，有些母親是因為第一胎乳腺炎的不好經驗導致第二胎不願意哺乳，有些是醫療因素無法哺乳。不管是什麼原因，母親對寶寶的呵護與照顧是不會被打折扣的。

或許身邊許多哺餵母乳的朋友會讓不哺乳的母親感受到壓力，但只要母親為自己設定了一個不哺乳的理由，那麼就放下心裡不哺乳的疙瘩，全心全意的照顧好寶寶，做一個快樂的母親。

哺乳筆記

輔助母乳哺育的用品

哺育母乳有時不太順利，媽媽可能會需要一些輔助母乳哺育的用品，像是乳頭保護罩、乳頭成型罩等，媽媽可以諮詢 IBCLC 國際認證泌乳顧問來決定是否需要。

哺乳輔助器具

乳頭保護罩

乳頭保護罩很容易被使用在，寶寶無法含乳而母親被誤判為乳頭短平時使用，許多母乳專家對乳頭保護罩的看法均不同，有些人認為，乳頭保護罩會影響寶寶真正的含乳，製造的問題比解決問題來得多；但有些人認為，如果能正確使用，它可以解決很困難的含乳問題。到底什麼情況下需要使用乳頭保護罩、如何使用、使用的時間多長、如何停止使用，這些問題都需要專業的泌乳顧問從旁評估及指導。

使用乳頭保護罩的原因

哺乳初期，有些寶寶無法快速含乳時，醫院會告訴媽媽你的乳頭比較短，建議使用乳頭保護罩。乳頭保護罩是協助尚未順利含乳的寶寶成功含上乳房的輔助工具，它不是每位哺乳的母乳都需要使用的工具。

寶寶無法順利含乳的情況很多，有時含乳需要專人指導、需要時間的磨合，最重要的是，媽媽要有耐心且相信一定能讓寶寶含上。但在醫院時，尤其是母嬰分離媽媽至哺乳室餵奶的情況，有時候寶寶不含是因為餓到生氣，或已經可以分辨流速快的塑膠奶頭與媽媽乳頭的區別，在這種抗拒的情況下，使用乳頭保護罩有時的確可以讓寶寶快速含上乳頭。

使用乳頭保護罩的優點與缺點

乳頭保護罩可以鼓勵寶寶含乳，當寶寶已經接觸奶瓶，奶瓶奶嘴的長度及口感都會影響寶寶含乳的意願，這種情況下，使用乳頭保護罩可以快速解決含乳困難的問題。

如果媽媽在寶寶沒含乳時已建立起奶量，使用乳頭保護罩並不會影響奶流的速度。儘管寶寶使用乳頭保護罩可以暫時性的含上乳房，但它對乳房的刺激會比寶寶直接吸吮時減少，也因此奶量會慢慢減少。在不正確的方式下使用，容易造成乳暈阻塞及乳頭疼痛，寶寶也會習慣或依賴使用，有使用乳頭保護罩才願意吸吮。

乳頭保護罩的選擇

每位媽媽乳頭的形狀以及每位寶寶嘴巴大小都不一樣，在選擇乳頭保護罩時應考慮正確的尺寸。

- **如果乳頭保護罩的尺寸太大：**乳頭保護罩容易在寶寶口中滑進滑出，影響寶寶正確的吸吮，有時甚至會有想嘔吐的傾向。

- **如果乳頭保護罩尺寸太小：**母親的乳房會因摩擦而疼痛。

新款的乳頭保護罩是由矽膠製成，使用上貼近媽媽的乳房可以讓寶寶以較正常的方式含乳；但舊款的乳頭保護罩造型像一個奶嘴，即使寶寶因為使用乳頭保護罩而含乳，但因它的形狀比較像奶嘴且不貼近乳房，寶寶在不使用的情況下要含上乳房也更加的困難。

購買時母親需要考慮乳頭保護套的尺寸及形狀，更重要的是先確定自己是否真正需要使用。

乳頭保護罩的清潔

使用乳頭保護罩時應注意清潔以避免細菌滋生影響寶寶的健康，每次使用完畢時，須以清潔劑洗淨後用熱水沖洗乾淨，存放在乾淨的盒子裡，每天至少用滾水或消毒鍋消毒一次。

停止使用乳頭保護罩

使用乳頭保護罩的最終目標是讓母親與寶寶可以成功親餵，完全回到乳房，這過程可能很久，也可能很快。

首先，必須找出使用乳頭保護罩的原因。一般來說，不管什麼形狀的乳頭，只要沒有奶瓶的介入，給寶寶時間，寶寶能有自己找到乳頭且含乳的本能。但如果已經喝過奶瓶的寶寶，在饑餓的狀態下，要讓寶寶含乳的條件是媽媽的乳房必須有奶，只要有奶寶寶就會願意含，或許需要慢慢引導，多多嘗試，在寶寶昏昏沉沉想睡覺時嘗試，總有成功的那一次。

TIPS

維持奶量的重要性

奶量的製造是依乳汁移出的多寡來建立，使用乳頭保護罩或許能讓寶寶含上乳房，但奶水移出的量卻不像直接吸吮乳房的寶寶那麼有效率。寶寶吸吮時，媽媽必須同時用手擠壓乳房，讓乳汁能夠更有效率的排出。若寶寶含乳的時間不長，母親也必須在哺乳後再次用手把乳汁清出以避免奶水淤積造成奶量減少。

隨著寶寶的成長，寶寶吸吮的效率也會進步，每天都嘗試讓寶寶在不抗拒的情況下，不用乳頭保護罩與乳房接觸且嘗試含乳，如果寶寶還是無法含乳，這代表問題尚未解決。有些時候問題是來自於造成無法含乳的口腔問題，例如高弓顎及舌繫帶緊等問題，在使用乳頭保護罩的過程如果有搭配 IBCLC 國際認證泌乳顧問的協助，寶寶無法含乳的問題就能很快被診斷出來，且母親可以得到解決無法含乳的正確做法。使用乳頭保護罩是暫時讓寶寶含上乳房的方式而不是長期的餵法。

有些媽媽很有創意，把乳頭保護罩的前端剪開，讓寶寶以為還是有用保護罩，但其實已經只剩下後面。但這種做法媽媽必須承擔萬一寶寶不願接受而需要去購買另一個的風險。

有些媽媽會在寶寶吸吮時把乳罩拔開嘗試讓寶寶含乳，這種做法通常在寶寶大一點時比較有用，寶寶會漸漸發現，其實不需要乳套他也可以喝到母乳。但不管什麼做法，要讓寶寶含乳的前提必須是媽媽要有充足的乳汁。

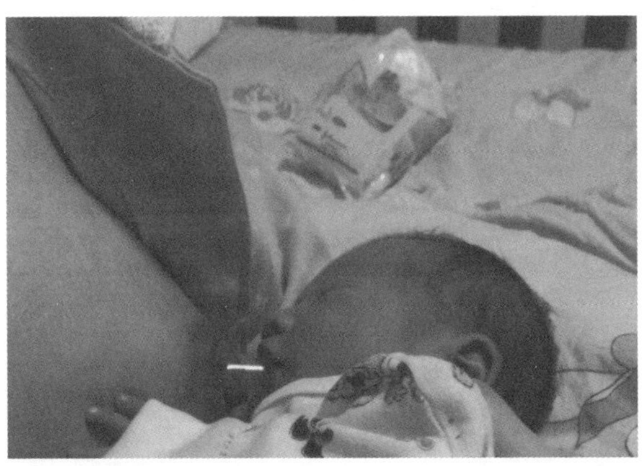

使用乳頭保護套。

乳頭成型罩

乳頭成型罩是用塑膠與矽膠薄片兩片合成一體，最常使用於乳頭平坦、凹陷或乳頭破皮的狀況。內層甜甜圈似的矽膠薄片壓在乳暈上方透過壓力讓乳頭突出，外層弧形硬塑膠殼保護乳頭與衣服的接觸。乳頭成型罩可從孕期三十五週開始使用，每天使用的時間約十小時或依母親的舒適感來決定。

乳頭成型罩的清潔

清洗乳頭成型罩時，塑膠與矽膠片須拆成兩片以清潔劑清洗乾淨，每二十四小時放置消毒鍋消毒以避免細菌滋生。剛消毒乾淨的乳頭成型罩在第一次使用時，收集到的新鮮乳汁可以收集給寶寶喝，但不建議一整天殘留在乳頭保護罩的乳汁存放給寶寶使用。

有些母親會把乳頭成型罩當作存放乳汁的工具，但因為流出來的乳汁會與乳頭成型罩及母親身體的汗水接觸，這樣會讓細菌滋生的機率增加，必須謹慎處理。

視母親乳頭延展性來評估效果

有些母親認為，乳頭成型罩能夠讓乳頭組織更突出，對寶寶的含乳有幫助；但有些母親認為，使用乳頭成型罩一點效果也沒有。乳頭成型罩到底對乳頭的塑型有沒有幫助，其實是依照母親乳頭延展性來區分。

延展性高的乳房組織或許在使用乳頭成型罩時可以透過乳罩的壓力來讓乳房延展；但如果乳房組織的延展度不多時，使用成型罩或許不會有太大的幫助。

要讓寶寶順利含乳，最重要的還是多與寶寶肌膚接觸，多擠奶建立奶量，多嘗試讓寶寶含乳。

乳頭牽引器／乳頭矯正器

乳頭牽引器與乳頭矯正器的功能都是用於乳頭凹陷的乳房，兩者的使用都是透過吸力來牽引出凹陷的乳房組織；但與乳頭成型罩一樣，其使用效果是依照乳房組織的延展度來決定，對有些母親來說，哺乳前使用乳頭牽引器或乳頭矯正器能讓乳頭突出，但有些沒有效果。

產後前兩天乳房尚未脹奶時，乳頭的延展性較高，這時讓寶寶嘗試含乳會比較容易，在有經驗且專業人員的指導下，順利引導寶寶含乳的機率較高，在考慮購買任何哺乳輔助器具之前，尋找 IBCLC 國際認證泌乳顧問的協助會是較好的做法。

多讓寶寶肌膚接觸，多擠奶建立奶量，多嘗試讓寶寶含乳是成功哺乳的關鍵。

哺乳輔助用品

乳頭修復膏（Nipple Cream）

乳頭修復膏使用於乾燥、皸裂、乳頭酸痛，藉由油脂滋潤肌膚來改善及緩解乳頭的不適。常見的品名為羊脂膏、乳頭修護霜、植物性乳頭霜。各廠牌所製造的成分不同，選購時應注意添加的成分，不是所有的乳頭修復膏都採用百分之百天然羊脂製作而成，有些品牌會添加其他的成分或味道，或許使用時滋潤的效果很好，但要注意，哺乳前是否先擦拭乾淨以避免寶寶食用。

乳頭的乾燥、皸裂及酸痛都是因為含乳不正確所造成，擦拭時僅需要塗薄薄的一層，塗抹太多太厚容易造成乳腺管阻塞。乳頭修復膏只用於暫時緩解乳頭破皮及疼痛，並不是哺乳長期需要使用的用品，如果出現頻繁的乳頭疼痛的狀況，母親應該尋求幫助找出造成乳頭受傷的原因。

溢乳墊

溢乳墊對很多媽媽來說是哺乳期不可缺少的產品，其用途在於吸收溢出的母乳，並不是每位媽媽都有漏奶的困擾，但對於噴乳反射很強的母親，溢乳墊可以避免衣服胸前濕透造成的尷尬。與寶寶尿布的功能一樣，溢乳墊內層使用超強吸收材質，外層採透氣防水層讓母親的乳房保持乾燥。

溢乳墊的好壞取決於它的吸水速度及鎖水力以及溢乳墊的觸感，一般來說，溢乳墊必須達到觸感溫柔、造型伏貼、背膠定位及吸水鎖水力強等功能。

可洗式溢乳墊雖然比較環保，但使用上沒有拋棄式溢乳墊來得乾爽，媽媽平常在家可以用毛巾來替代溢乳墊即可。

乳汁營養價值高，溢乳墊如果潮濕且長時間悶在胸前容易造成細菌滋生，雖然有些品牌會標榜抗菌、超強吸收力，但溢乳墊需至少三小時更換一次，以避免乳房潮濕及細菌感染等問題。

卵磷脂

這幾年在廠商的推廣下，卵磷脂已經普遍被認為是解決乳腺阻塞的必備品，卵磷脂具有乳化的作用，但對於哺乳期避免乳腺阻塞卻沒有實際的研究可以證明其效果。大豆卵磷脂是坊間很普通的營養輔助品，但哺乳的母親並不需要長期攝取。真正避免乳腺阻塞的方式是依寶寶需求哺乳及正確含乳。

上班的媽媽要避免乳腺阻塞，首先要避免長時間沒有擠奶，該擠奶的時間沒有儘快擠奶容易造成乳汁淤積、乳房腫脹、乳汁濃稠造成乳汁移出不順暢，這種情況下適當補充卵磷脂能降低乳汁過度濃稠，避免阻塞，建議劑量為 1200mg 每天大約攝取三至四顆。如果乳汁阻塞的情況二十四小時仍無法解決時，建議媽媽儘快諮詢母乳親善醫師評估是否有乳腺發炎的狀況發生。

哺乳內衣

乳房在孕期就開始改變，懷孕的婦女在大約十六週起就會發現乳房尺寸的變化而需增添比原尺寸還更大尺碼的內衣。雖然穿不穿內衣是個人的選擇，但選擇一件穿起來舒服且又具有支撐效果的內衣對避免因重力而下垂的乳房顯得十分重要，一件伏貼且適當尺寸的內衣讓乳房有支撐感，且穿起來也有舒服的感覺。

隨著孕期荷爾蒙的影響，乳房尺寸會一直增加，胸圍會增加大約兩個尺寸、罩杯也會增加大約兩個尺寸；這增加的兩個尺寸是逐日改變而不是瞬間改變，選購內衣時要依照自己舒服的尺寸去購買，不要因為乳房尺寸會持續增長而購買尺寸太大的內衣，建議在懷孕大約三十五週之後，就可以開始添購哺乳內衣。

哺乳期乳房會因為孕期所留的水分、乳房脂肪及乳腺組織的增加以及奶水而增加重量，選購哺乳內衣時，應購買全罩式、可包覆及完整支撐乳房的款式以減輕母親乳房沉重的感覺，且內衣的設計需方便哺乳。

哺乳內衣的種類

- **無鋼圈下掀式內衣：**在肩膀上有個扣環讓媽媽可以在餵奶時方便打開及扣上。

- **無痕前開扣無鋼圈杯模定型內衣：**採用固定杯模支撐乳房但又設計出像窗戶一般的開口，方便母親哺乳時打開及扣上。

- **運動型內衣：**是睡眠時最適合的內衣，母親在哺乳時將哺乳內衣拉開即可哺乳，運動型內衣通常背後沒有鐵鉤穿起來比舒適，但支撐度沒有不像其他內衣高。

- **免手持擠乳胸罩：**專門為擠乳的母親所設計的，當母親需要擠奶時，將擠乳器喇叭罩由胸罩內側放入，另一端由特殊設計的開口穿出，之後再將奶瓶扣上，擠乳時母親就可以不用兩手緊壓著擠乳器喇叭罩即可方便擠乳。

- **哺乳吊帶背心：**俗稱哺乳小可愛，對許多母親來說是很方便的內衣，它除了提供哺乳內衣的功能外，背心型的設計讓母親哺乳時肚子不走光，冬天時也提供保暖的效果。

睡覺時需要穿哺乳內衣嗎？

在哺乳期母親的乳房常常會有奶水滲出的情況，即使是睡覺期間，穿著哺乳內衣甚至加上溢乳墊除了可以減輕乳房的重量外，還能避免乳汁外滲，導致需要醒來換衣服、換床單的困擾。

哺乳
小.疑.問

可以穿有鋼圈的內衣嗎？

有些婦女喜歡穿著漂亮有美感的鋼圈內衣，但又聽說哺乳時應盡量避免有鋼圈的內衣。乳房從懷孕後期到哺乳期尺寸持續改變，哺乳期時，乳房在一天內從腫脹到鬆軟變化無端，甚至可以用每餐來形容，寶寶喝奶前的尺寸跟哺乳之後的尺寸餐餐都不同，也因為變化多端，穿著柔軟度高、彈性強但又具有支撐效果的內衣會讓媽媽們感覺比較沒有壓迫。鋼圈內衣在乳房飽滿時容易壓迫，造成乳房下緣乳腺阻塞。

配方奶

母乳餵養的寶寶不需要額外添加配方奶，在依寶寶需求餵食的情況下，母親通常能夠分泌比寶寶需求更多的奶量。但影響成功哺乳的因素實在太多，寶寶會在很多情況下被添加配方奶。在計畫使用配方奶來餵養寶寶之前，媽媽應該要先了解，給予寶寶的配方奶裡到底添加了什麼成分。

嬰兒配方奶廣告常常標榜自家品牌成分最接近母乳，是銜接母乳最好的替代品，但由於每位母親所製造的母乳，在不同時段與不同的情況下，含有不同的抗體及營養。這特殊為嬰兒量身訂做的母乳為嬰兒的健康打下了一輩子的基礎，其成分不是任何母乳替代品可完全模擬或取代的。

嬰兒配方奶起源約於西元 1900 年，由於 20 世紀初期餵食牛、羊、馬的動物乳汁使嬰兒死亡率居高不下，因而研製了模擬母乳的嬰兒配方奶。初期的擬母乳化奶的餵食，因研發者並不瞭解每種成分該添加的劑量、奶瓶及奶嘴的劣質設計、無乾淨的水源及乾淨的環境，嬰兒配方奶的使用並沒有降低新生兒死亡率。

隨著時代的進步，母乳的成分持續被探討，配方奶廠商不斷的想要研發出最接近母乳的配方奶，而環境及水源的改變也讓配方奶餵食安全標準化。

嬰兒配方奶的選擇

配方奶的設計是以滿足嬰兒生長發育的營養需求為目標而調製的配方，其蛋白質來源的成分包括牛乳、羊乳、乳清蛋白、酪蛋白、黃豆蛋白等；脂肪來源的成分可為棕櫚油、葵花子油、椰子油、大豆油、魚油等；碳水化合物來源的成分可為乳糖、葡萄糖、蔗糖、麥芽糊精、馬鈴薯澱粉等。另外，為符合嬰兒營養需求，添加維生素及礦物質等營養添加劑。產品配方的完整成分是選擇嬰兒奶粉的考量重點。

選擇新生兒奶粉時，最好選擇以牛乳為基底的配方，在購買奶粉時，需確認是特別為新生兒設計，由出生至六個月的配方奶粉。六個月後的成長配方並不會比新生兒配方好，但因為其成分含有較高的蛋白質及電解質，所以六個月以下的嬰兒必須嚴禁餵食非適用年齡的配方奶粉。六個月後的寶寶，身體所需要的額外營養應添加固體食物且由湯匙來餵食。一歲後寶寶的營養需求應從不同種類的食物來補充，漸漸適應及融入一般的正常飲食。

一般新生兒配方奶粉成分

新生兒配方奶的基本營養含有來自牛乳的蛋白質，來自乳糖的碳水化合物，來自動物或植物油的脂肪，再加入其他不同的添加劑以盡量模仿母乳的成分為目標。嬰幼兒配方奶粉必須包含蛋白質、脂肪、碳水化合物、維生素、礦物質等五大營養素。其它國家許可添加的成分包含益生菌、牛磺酸、DHA、ARA、亞麻油酸、葉酸、膳食纖維等，這些可添加但非必須添加的成分，會依品牌不同而改變，添加這些營養素的目的，都是為了讓配方奶成分盡可能接近母乳。與母乳不同的是，母乳中的營養成分均為自然形成、依母親與嬰兒狀況量身訂做，而配方奶的成分均是調配而成的。

- **蛋白質：**母乳蛋白質分為乳清蛋白（軟、易消化的蛋白質）百分之六十五及酪蛋白（硬、不易消化的蛋白質）百分之三十五，牛乳蛋白質中只有百分之二十乳清蛋白及百分之八十酪蛋白。使用在配方奶中的牛乳蛋白質成分通常會依據母乳的標準調整略為六十比四十乳清蛋白及酪蛋白比例。

- **脂肪：**在母乳與配方奶中，超過一半以上的熱量來自於脂肪。牛奶中的脂肪與母乳的不同，而配方奶中的油脂添加了植物配方（棕梠油、椰子油、葵花籽油、大豆油）試圖使配方奶中脂肪酸更接近母乳。

- **碳水化合物：**乳糖是一般哺乳動物奶水中所含之碳水化合物成分，人乳中的乳糖比牛乳的乳糖比例高，所以在配方奶製作過程中額外的乳糖會添加於配方奶。在大豆配方奶及低乳糖配方奶中的乳糖則是由玉米澱粉或葡萄糖粉替代。

- **維生素、礦物質：**配方奶所添加的維生素、礦物質等基礎營養素，都需依照國家相關標準中所規定的嬰幼兒奶粉可添加的成分及含量範圍。

特殊配方奶粉

特殊配方奶粉可分為早產兒或低體重奶粉、無乳糖奶粉、水解蛋白奶粉，這些特殊的配方是針對不同健康狀況的寶寶所設計的，一般健康的嬰兒不需要服用特殊配方奶粉，這類的配方奶粉需依照醫師的指示添加。特殊配方奶粉並不會優於一般正常新生兒配方奶粉，使用特殊嬰兒配方並不能解決寶寶容易脹氣，容易哭鬧等問題。除非寶寶在醫療上診斷出問題，照顧者需依照醫師的指示購買特殊配方奶粉外，一般健康的寶寶不需要購買特殊的配方奶。

配方奶與母奶的成分不同，身體吸收的方式也不同。配方奶容易造成腸胃問題，除了無法改變的成分問題之外，照顧者需細心評估是否泡製及餵食方法錯誤（大力搖晃奶瓶導致氣泡太多、奶嘴孔太大導致流速太快）而導致寶寶脹氣，而不是改變配方奶的選擇。

配方奶是以牛、羊或大豆奶水為基底，經過殺菌、添加營養素並經噴霧乾燥處理。在製造過程中，部分營養成分會流失，口感也與新鮮奶水不同。為了讓配方奶成分能夠比擬母乳的營養素，製造時需添加許多額外的營養素。各品牌之嬰兒配方奶粉所添加的營養成分不同，但市面上並沒有所謂的「最好的配方奶」。各品牌的差異在於添加的營養成分劑量不同，脂肪種類的選擇、蛋白質及碳水化合物的成分。

品牌 A 有添加的成分與劑量或許與品牌 B 不同，配方奶的價格會依添加的成分而增減，但這也不是選擇配方奶的依據，因為額外添加的成分，其添加效果仍需進一步的醫學實證，無法有效評估其中添加的維生素及礦物質是否有效，以及長期食用對新生兒來說是否安全。

配方奶的泡製

配方奶並不是無菌的，經過層層的添加及瑣碎的製作過程，配方奶容易受到細菌的汙染。泡製過程中需非常小心以避免嬰兒受害。世界衛生組織（WHO）在 2007 年出版的「嬰兒配方奶粉製備、儲存、和操作指導原則」詳細解釋配方奶調配指引，提供了正確的沖泡與儲存的方式。配方奶裡影響嬰兒腹瀉發燒的沙門氏菌，及雖不常見、但一旦感染致死率高達百分之二十至五十的阪崎腸桿菌，透過正確的調製配方奶，可降低嬰兒感染的風險。

配方奶調配的步驟及衛生，對餵哺配方奶的寶寶來說非常重要，最嚴格的標準對寶寶就是最安全的標準。

在調配配方奶時，需把以下步驟列入考量：

1. 照顧者的衛生，準備配方奶之前，照顧者須用肥皂徹底洗手且用乾淨的紙巾把手擦乾。
2. 環境的清潔，調配配方奶的環境、桌面及器具需保持乾淨。
3. 用自來水（冷水）或過濾的冷水把水煮至沸騰：一般市面販售的瓶裝水是沒有消毒過的，在使用上也必須先煮至沸騰才能使用。
4. 以 70 度C的水溫調製配方奶，要注意水溫不能低於 70 度C。
5. 依各廠牌配方奶調配指示，將正確比例的奶粉倒入熱水中，配方奶成分的調配是固定的，照顧者必須依照各廠牌所提供的湯匙來進行調配，不可擅自使用B廠牌的湯匙來調配A廠牌的奶粉，且也不可輕易增加或減少配方奶的濃稠度或稀釋。隨著寶寶的成長，配方奶所攝取的量應增加，而不是調整濃稠度。

6. 為了避免燙傷，調配好的配方奶在給寶寶喝之前需放置於水龍頭下降溫冷卻，照顧者切記，要把奶滴在手腕內側試溫度，確定是微溫的狀態下才進行餵食。
7. 沖配好的配方奶需盡快餵食，如果超過兩小時就必須丟棄，以避免細菌孳生，影響寶寶健康。

奶瓶的清潔

在寶寶身體免疫功能成熟之前，建議使用經過消毒的乾淨器具。如果生活的環境清潔且確定使用的水源乾淨，寶寶滿六個月後，則不需要持續消毒。使用過的奶瓶需先用清潔劑刷洗，再用熱水沖洗乾淨。清洗的過程比消毒重要，一個沒有洗乾淨、殘留奶垢的奶瓶及奶嘴即使經過消毒對寶寶來說也不安全。

消毒奶瓶的方式有很多種，市面上販售的消毒鍋種類也很多，最傳統的消毒方式是以水煮方式來進行。使用水煮的消毒方式，先將奶瓶放入鍋內，將水蓋滿超過奶瓶，開瓦斯爐將水煮滾。沸騰後再持續讓奶瓶在熱水中煮五分鐘，最後兩分鐘再把奶嘴加進去消毒。以這種消毒方式須注意安全，消毒後可以靜置到手可以摸的溫度再將奶瓶移出以避免燙傷。消毒過的奶瓶需放在一個乾淨的置物盒裡以便下次使用。消毒後的奶瓶如果超過二十四小時沒使用則需再消毒一次以確保安全。

使用消毒鍋是一個快速簡單的消毒法，它是以快速加溫或紫外線殺菌的方式進行消毒，使用方法則是先將奶瓶洗淨後放置消毒鍋，依照各品牌廠商所建議的使用方法進行消毒即可。

附錄 1

哺乳里程碑

就像新生兒的發展，每個孩子有著不同的里程碑，發展的速度會受到基因、生產方式、懷孕週期、胎盤健康等因素而影響，但總是會依照一定的程序進行。

新手父母通常會很認真地讀著嬰兒發展里程碑，看看自己的寶寶是否有按照程序發展，發展的速度是否太快或太慢。在哺乳過程中，哺乳的里程碑通常不會被一一分析，但媽媽會想知道什麼才是「正常」的。哺餵母乳這過程中，母親需要用腦及思考的，往往比在奶瓶中搖出一瓶奶來的多。

哺乳過程常常會讓母親感到疑惑，不確定自己做的是否正確，也經常聽到不同餵養方式的建議，這更會混淆哺乳「正常」里程碑的發展。母乳哺育與配方奶哺育是兩種非常不同的哺育方式。

哺餵母乳的寶寶是喝著自己種類的母奶，配方奶哺餵的寶寶是喝著完全不同種類的奶，母乳寶寶的發展也會與配方奶餵食的寶寶不同。如果哺餵母乳的母親按照配方奶寶寶所呈現的表現來要求寶寶，媽媽們會發現自己受困於對寶寶不適當的要求所產生的反應，面對的會是哭鬧不安的寶寶。但如果媽媽們理解母奶寶寶該有的里程碑，在哺乳及照顧母奶寶寶的過程會比較順利。

生產

- 在不受干擾的肌膚接觸下，寶寶有自己尋乳的能力。
- 產後第一口的母奶，有助於穩定寶寶的血糖及保護腸胃道正常菌種的繁殖。
- 產後半小時至一小時內寶寶會開始尋乳，通常產檯哺乳會是寶寶吸吮狀況最好的時候，接下來的兩至三天，媽媽常常會有奶不夠、餵不好、吃不飽的感覺。媽媽必須把握產檯肌膚接觸及哺乳的機會，讓寶寶在本能最強的時候練習含乳。
- 如果寶寶沒有受到母親生產時的麻醉藥所影響，通常在一小時內可以自己含上乳房。
- 產檯的肌膚接觸讓母親產生大量的泌乳激素，對以後乳汁分泌有很大的影響。
- 寶寶的第一餐注重的是哺乳的品質而不是喝到的量，產後前幾天的奶水分是泌量少但質量高的初乳，濃稠的初乳含有許多抗體能保護寶寶對抗細菌及病菌。
- 剛出生的寶寶嘴巴很小，含乳有時候並不是那麼容易，媽媽可以協助寶寶把乳頭塑形（壓成與寶寶嘴巴平行）讓寶寶比較容易含乳。
- 寶寶的餵食時間通常是大約兩小時就需要哺餵一次，但如果寶寶比較想睡覺，每次哺餵的間隔不要超過三小時。若寶寶呈現昏睡的狀態，擠出一些乳汁用湯匙餵食，讓寶寶清醒一點再嘗試含乳。餵奶間隔太長會導致寶寶血糖太低而昏睡，頻繁的餵食在新生兒階段對寶寶的發育及奶量的建立都有非常大的影響。
- 如果寶寶呈現昏睡的狀態，把寶寶抱到媽媽身邊、脫掉衣服只包著尿布進行肌膚接觸，肌膚接觸能喚醒寶寶尋乳的反應。
- 哺乳所產生的泌乳激素荷爾蒙有助於子宮收縮，能避免產後出血並有助產後恢復。子宮收縮時母親會有類似經痛的感覺。

第一天

- 寶寶出生二十四小時之內，只會有一至兩片的濕尿布，寶寶喝到的初乳消化好、吸收佳，沒有很多需要排出的額外水分。但二十四小時後寶寶攝取量會增加，也表現出比較飢餓的感覺，一天需要哺餵至少八至十二次才能滿足。這時期的寶寶胃容量小，需要少量多餐頻繁的餵食才能滿足寶寶的需求。
- 大部分的新生兒每次喝奶的時間約二十至四十分鐘。
- 媽媽的乳房還不會有充盈的感覺，噴乳反射也需要一至兩個星期才比較感覺得到。
- 媽媽可以在寶寶含乳時擠壓乳房讓寶寶可以更輕鬆的喝到乳汁，觀察寶寶的含乳，吸得好的寶寶，媽媽不會有非常疼痛的感覺。
- 寶寶的口腔對任何他吸吮過的東西都非常敏感，讓寶寶練習含乳在這階段非常重要。

第二天

- 不管母奶或配方奶餵食，大部分的寶寶開始會有點黃疸。產後二十四小時寶寶開始會有黃疸，在第三或第四天左右會達到最高，隨著母乳攝取量增加黃疸會逐漸下降。
- 寶寶在這階段應該要有至少兩片濕尿布，一天排便量需約兩茶匙或更多。
- 頻繁的餵奶或擠乳在前幾天非常關鍵，乳汁的多寡是建立在前幾天的吸吮及乳汁的移出，寶寶吸的越頻繁或媽媽額外擠出乳汁，乳汁的分泌就會越多。如果媽媽與寶寶分開或寶寶無法正確含乳或吸吮，媽媽需模擬哺餵寶寶的方式，約兩至三小時擠乳一次，剛開始的量不是重點，頻繁的刺激才能讓媽媽建立寶寶所需的奶水量。

- 新生兒通常會花很長的時間吸吮，這是正常的。
- 寶寶排便會從很黏的深綠便轉換成豌豆濃湯的顏色，如果寶寶已經兩天沒排便，媽媽必須讓醫護人員知道寶寶的狀況且評估含乳及乳房狀況。

第三天

- 哺乳兩天後，如果沒有得到妥善的協助，媽媽通常會在第三天感到哺乳不順利，媽媽需要知道你並不孤單，許多母親都有這樣的感覺，這時候的支持系統是非常重要，如果媽媽感覺自己有哺乳的問題，台灣母乳協會網站或是預約國際認證泌乳顧問來諮詢，可以讓自己對哺乳的正常現象有較多的理解。一對一的諮詢可以讓母親詳細的了解及解決自己的哺乳問題。

第四天

- 前幾天，寶寶的體重下降很常見，全母乳寶寶的體重通常會下降的比瓶餵或補充配方奶寶寶來得多。母親生產時打的點滴也會影響寶寶出生的體重，寶寶使用不同磅秤測量體重也會有些落差，媽媽只要觀察寶寶的尿量及排便量就能知道寶寶是否有攝取到足夠的乳汁。
- 母親的乳房可能開始感到飽滿及腫脹，乳房感覺很熱且越來越硬，頻繁讓寶寶吸吮及寶寶吸吮時擠壓乳房可以協助乳汁的排出，舒緩腫脹的感覺且也能讓寶寶喝到更多的乳汁。
- 媽媽可以在哺餵寶寶之後用冷毛巾或高麗菜葉冷敷乳房以舒緩腫脹的感覺。

- 乳汁的顏色會從初乳的深黃色漸漸轉變為成熟乳且顏色會變淡。

第五天

- 半夜被干擾的睡眠已經開始讓媽媽覺得疲憊，產後幾天寶寶需要頻繁的哺餵，夜間母親的泌乳激素較高，分泌的乳汁也比較多，寶寶會與母親身體的反應同步，夜間清醒次數也會比較頻繁。別擔心，混亂的哺乳次數已經達到最高點，前幾天頻繁的哺乳是建立奶量的關鍵，慢慢的媽媽就能找出哺乳的規律，寶寶夜間清醒的次數也會減少。
- 寶寶哺乳的時間長短不一，有時候會需要吸吮很久，有時只是吃點心。
- 母親的乳房會感到有點敏感，尤其是第一口含上時會有種被吸住的感覺但隨著寶寶的吸吮，這感覺會慢慢不見。許多母親尤其是第一次哺乳的母親會有這樣的反應，這感覺並不是不正常，但如果疼痛感持續且出現乳頭破皮，媽媽需要請 IBCLC 國際認證泌乳顧問做哺乳諮詢及含乳評估。
- 寶寶的排便會變得比較不黏稠，顏色也轉變成芥末黃，每天所需要的濕尿布需有五片以上、至少一次的排便。
- 產後五天，家人朋友已經迫不及待的想來看寶寶，許多人會帶來很多意見包括，幫你照顧寶寶讓你能好好休息、幫你照顧寶寶讓你能外出去辦事或是幫你照顧寶寶這樣你才能整理家務。比較好的做法是，由想幫忙的親朋好友來幫忙做其他事，讓媽媽能夠專心照顧及哺餵寶寶。

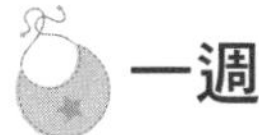

一週

- 隨著母親奶量的增加，寶寶的體重應該逐漸上升。在月子內，寶寶的體重每星期增加約 115 至 200 公克。隨著寶寶每次能喝到的奶量增加，寶寶睡眠的時間也會漸漸拉長，如果寶寶每天有六片以上的濕尿布，母親只需要依寶寶的需求餵奶即可，不需要刻意每兩小時吵醒寶寶起來喝奶。
- 母親的乳房已經不像產後三至五天感覺那麼的結實，乳房的感覺是飽滿但柔軟。媽媽可能很常覺得有乳汁流出或是有噴乳反射的刺痛感，使用溢乳墊能夠避免乳汁流得到處都是。有些母親不一定會有這些感覺，但別擔心，乳汁流出的量並不代表乳汁的產量，媽媽們只需要依寶寶需求持續哺乳即可。
- 許多母親會發現寶寶開始容易煩躁，想要被抱著，不管媽媽怎麼做，寶寶總是感覺煩躁不滿足。常常喝完奶後還是哭鬧，有時會一邊喝奶一邊拉扯哭鬧，並不是母親奶水不足（但媽媽常常會這樣認為），尿布也換了，奶也餵了但寶寶還是放下就哭。這種情況通常發生在一至三週大的寶寶，最高時期是約六到八週，三至四個月會自動改善。
- 一週的乳汁已經從初乳轉變成熟乳，乳汁的顏色跟一般牛奶的白色比較接近，但成分與牛奶卻非常不同，乳汁的成分會隨著每次哺乳次數及時間長短改變，沒有一次的成分是相同的，媽媽不需要擔心乳汁的顏色，只要每次哺乳都讓寶寶吸吮兩邊乳房，鬆軟時換邊持續餵食，寶寶就能攝取所需要的營養及抗體。

兩個月

- 寶寶還是很頻繁的需要哺乳，有些寶寶可以約三小時哺餵一次但大部分的寶寶約二至二點五小時哺餵一次，二十四小時內哺餵八至十二次都是正常的。

- 寶寶雖然哺乳次數頻繁，但每次在乳房吸吮的時間已經沒有一開始這麼長，含乳對母親與寶寶來說已經比較熟練，寶寶也比較有效率的可以把乳汁移出。寶寶有時候只喝一邊乳房就已經滿足，媽媽可以嘗試讓寶寶吸吮另一邊乳房，寶寶或許會繼續含乳吸吮但有的寶寶會吃飽了就不願意含乳，不需要強迫寶寶，當寶寶有吸吮的反應（通常是想睡覺時）再哺餵寶寶。
- 兩個月大的寶寶，不管是哺餵母乳或是瓶餵，半夜還是會起來喝奶一至兩次。

三個月

- 寶寶頻繁的討奶或是寶寶厭奶都是第三個月寶寶會出現的反應。
- 面對頻繁討奶的寶寶，媽媽只要依寶寶需求餵奶，幾天後媽媽會發現，自己的奶量因為寶寶這幾天頻繁的刺激而增加，寶寶也會因為奶量增加、可以喝到的奶變多、變快而使頻繁討奶的情況改善。
- 面對不願意喝奶的寶寶，媽媽需要趁寶寶快睡著之前或半夢半醒時嘗試讓寶寶含乳，若寶寶抗拒乳房的情況嚴重，媽媽需要模擬寶寶平常喝奶的次數刺激乳房以避免奶水量下降。如果寶寶出現脫水的情況，媽媽可以用湯匙把擠出的母乳餵給寶寶，情況如果沒有改善，需考慮寶寶是否有醫療上的問題，找醫師評估確認。
- 睡前一至兩個小時內頻繁的餵奶能夠拉長寶寶半夜因為肚子餓起來討奶的情況，如果寶寶已經開始睡過夜，媽媽必須照顧自己的乳房，如果半夜太脹，把寶寶抱到身邊讓寶寶邊喝邊睡，或者媽媽自己擠出一點點乳汁，讓乳房的腫脹程度不會太難受再回去睡覺。寶寶睡過夜常常會造成母親乳房腫脹、乳汁淤積、乳腺阻塞等問題，如果乳房已經覺得腫脹，奶水的移出是必要的。

- 三個月大的母乳寶寶有時會一天大便多次或很多天才排一次便。只要寶寶沒有不舒服，這都是正常的情況。
- 約三個半月大的寶寶開始對周邊環境比較有感覺，喝奶時也會開始會不專心。

四個月

- 經過了四個月的練習，媽媽已經克服了乳房腫脹、乳頭敏感、頻繁餵奶等關卡，媽媽會發現哺乳變得越來越容易且輕鬆。漸漸的開始品嘗親餵母乳的甜頭。
- 寶寶開始因為快長牙而出現流口水、吸吮手指或吸吮任何他手上抓住的東西的現象。這種吸吮的反應常會被誤解為寶寶需要添加副食品。這階段的寶寶會學習模仿父母親的動作及表情，當父母親吃東西時，寶寶會睜大眼睛感覺好像很想吃，但其實這只是寶寶學習的過程，不代表寶寶已經夠成熟或需要添加副食品。開始給予副食品的時機應該是當寶寶能夠自己支撐坐穩才是適當的時機。在這之前，全母乳哺餵對寶寶的成長及健康是最有保護的。
- 四個月的寶寶喝奶非常容易分心，不管是爸爸從旁邊走過、或是小鳥飛過，都會讓寶寶放開乳房、中斷或者停止喝奶，媽媽需要找個安靜的地方讓寶寶可以靜下來專心喝奶。

五至六個月

- 持續哺乳滿六個月，母乳可鞏固寶寶腸胃道正常的菌落的培養，增強寶寶的免疫系統，減低過敏的症狀。
- 添加固體食物並持續哺餵母乳的寶寶排便會比之前純餵母乳時更黏稠，有時寶寶喝奶次數因吃固體食物而下降時，排便會比較硬，餵食固體食物後給寶寶喝些水或奶可以避免寶寶便秘。

七至八個月

- 寶寶喝奶的次數會依每位寶寶對固體食物的接受度而不同，有些寶寶副食品接受度高時，喝奶次數可能會減少，但有些寶寶副食品吃的好但奶也持續正常喝，有些是副食品接受度不高、奶也喝得少。對於進食量少的寶寶，媽媽需要少量多餐頻繁餵食，在副食品吃得不好的狀況下，停止哺餵母乳並不是一個很好的決策，當寶寶吃得不好時，母乳是唯一寶寶接受且能夠滿足寶寶生理及心理需求的餵食方式。如果媽媽因為寶寶不吃副食品而停止哺餵母乳，這種做法不但不會改善寶寶對副食品的接受度反而讓寶寶暴露在什麼都不吃的風險。若有任何疑慮須儘快請醫師檢查。
- 這時期的寶寶可能開始長牙，長牙期間寶寶會流很多口水，牙齒在突破牙齦時會造成疼痛影響寶寶喝奶或進食，但還好，每顆牙只會造成幾天的疼痛，之後寶寶就會恢復正常。

九至十個月

- 寶寶漸漸地開始會爬動，有時會玩到忘記喝奶，但有時又會因為過度刺激而頻繁討奶。當寶寶玩到忘記喝奶時，媽媽可以依照寶寶平常會喝奶的時間把寶寶抱到安靜的地方餵食。即使寶寶固體食物吃得很好，母乳對寶寶來說還是非常的重要，母乳持續提供寶寶所需要的營養及抗體，這對經常把東西往嘴巴塞的寶寶來說是非常重要的保護。

十二個月

- 一歲的母乳寶寶看起來會比配方奶寶寶瘦，但這是完全正常且不需要擔心的，雖然寶寶已經不需要完全依靠母乳來提供營養，但持續哺乳對於寶寶免疫系統、腸胃道健康及心理的穩定還是有很大的影響。有些母親會控制寶寶喝奶的次數，在早上睡醒、午睡前、晚上睡前餵奶，一天哺餵二至三次，有些母親會依寶寶的需求哺餵，不限定時間及次數。

- 一歲的寶寶已經可以飲用其他飲品例如，豆漿、鮮奶、五穀奶、優酪乳等，可以吃的食物種類也越來越多，與家人的飲食習慣也越接近。

十六個月

- 持續哺餵母乳可以保護寶寶抵抗疾病，當寶寶生病時，母乳除了提供營養及抗體之外，還能安撫寶寶生病所引起的不適。
- 持續哺餵學步兒有助於縮短寶寶的病程。
- 寶寶喝奶變得很有效率，他不需要長時間餵食，也能從各角度吸吮。最正確的哺乳姿勢就是寶寶和媽媽最舒服的姿勢。

二歲以上

- 世界衛生組織鼓勵母親哺乳至少到寶寶滿兩歲，但這並不代表媽媽必須在兩歲這天讓寶寶離乳，持續哺乳的好處會繼續存在，當媽媽與寶寶準備好離乳的時間才是最佳的離乳時間。
- 二至三歲持續哺餵讓孩子可以持續得到母乳的保護，除了免疫系統的維持之外，心靈上的安撫對孩子的社交也很有幫助。
- 雖然離乳在寶寶開始添加固體食物後很常見，但持續哺餵跟選擇添加配方奶都是相同的原則，是一種餵食方式的選擇。沒有人可以告訴母親什麼對他才是最好的，因為從寶寶給的回饋，媽媽可以清楚的了解持續哺餵的好處。

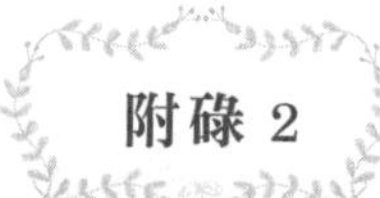

附錄 2

哺乳故事：第一胎、肌膚接觸、母嬰不分離、依需求餵奶

第一次當媽媽，產前完全沒有想過產後要餵寶寶喝母乳，但當寶寶一出生，護理人員馬上把寶寶抱到媽媽胸前進行肌膚接觸，雖然寶寶因為生產時間太長，頭顱變得有點像外星人，臉上沾了點胎便，但當媽媽抱著寶寶的時候還是整個融化、愛上了寶寶。寶寶嘗試尋乳，抱到乳房馬上一口就含上，從這刻起媽媽與寶寶再也沒有分開，媽媽抱著寶寶、看著他吸吮、內心滿足的感覺取代了生產的疲憊。

這是每個媽媽最想擁有的哺乳故事，好吧！扣除頭顱像外星人及臉上沾滿胎便那段，但這甜美故事背後當然含帶著當新手媽媽初期哺乳的辛勞。

產後第二天，寶寶比較清醒，吸吮次數明顯增加，媽媽有一整天都在餵奶換尿布的感覺，頻繁的餵奶讓媽媽感到疲憊，坐著餵奶讓媽媽覺得腰酸背痛，怎麼就沒人來教媽媽躺著餵奶呢？！

護理人員半夜查房，每次進來都看到媽媽在餵奶，好意地在媽媽餵完後把寶寶推去嬰兒室讓媽媽可以不被打擾的小睡一番。除了餵奶時的打頓，媽媽已經兩天沒好好的睡了。

經過了一整夜的頻繁吸吮，迎接著的是第三天的產後腫脹與憂鬱，乳房脹痛到讓媽媽流淚，心情非常地不美麗，雖然寶寶吸吮及尿量都正常，但媽媽還是覺得自己不會哺乳。

自然產第三天出院，媽媽帶著不太確定該怎麼照顧這寶寶的心情回家，摸索著寶寶的哭聲、摸索著哺乳、摸索著如何換尿布不要被噴得滿臉都是、摸索著該怎麼用最快的速度吃飯和洗澡，摸索著如何一覺到天亮，誰能想像產後的生活是這樣，寶寶安穩睡在嬰兒床的場景怎麼就這麼短暫。

媽媽開始對自己產生了質疑，面對一直哭的寶寶，除了抱著一起哭之外，媽媽開始把矛頭指向哺乳——儘管奶水滴的到處都是，媽媽還是會質疑會不會是寶寶沒喝飽、會不會是母奶有問題導致寶寶脹氣、擠出來才看得到母乳量，這樣問題是不是就能改善？兩夫妻趕快出門去買擠乳器。

問題還是沒有解決，媽媽只要超出寶寶二公尺，寶寶的警鈴就會響，媽媽沒辦法離開，沒辦法有自己的時間做自己的事情。媽媽又對自己的母奶產生了疑心，擠乳器根本沒用，機器吸的疼痛感比寶寶吸來的痛苦。此時，媽媽哭著對爸爸說乾脆給配方奶算了！

媽媽沒辦法想像，他就是寶寶的全世界，感覺不到媽媽，寶寶只能用哭來表達他的不安全感。既使哺餵母乳不是問題，但在媽媽完全不能掌控自己生活的情況下，把矛頭指向母乳是最快的做法。爸爸沒有很快地出去買配方奶，他抱著媽媽安慰的說：「我知道你照顧寶寶很辛苦，我們再試試看好嗎？」會越來越順手的。爸爸的支持對媽媽來說相當的重要，除了安慰媽媽的心情之外，爸爸還上網找答案、尋求協助。

與泌乳顧問約好了時間，帶著寶寶去看看到底哺乳出了什麼問題。寶寶很快速的含上乳房，寶寶吸得很好，媽媽乳汁充沛，前一至兩星期讓寶寶頻繁掛在身上造就了今天的奶水量，乳汁多到流速太快寶寶來不及吞，乳汁從寶寶嘴角滿出來，噴乳反射讓寶寶嗆到生氣放開大哭。泌乳顧問快速且準確地找出問題，調整了一下抱寶寶的姿勢，感覺問題好像沒這麼大了。

媽媽回家後，知道了寶寶哭不是因為自己沒奶、也知道噴乳反射時讓寶寶先離開乳房等流速慢時再讓寶寶含乳，漸漸的哺乳越來越上手，也開始習慣寶寶半夜需要餵奶的作息。

附錄 3

產後心靈：你的心情好嗎？

懷孕時，家人的焦點都在媽媽身上，孩子出生後，大家關心的是那全身紅通通只會哭、喝奶及大便的寶寶，從這刻起，大家問的問題總是圍繞在寶寶身上，只有少數的人會關注媽媽內心的感受。生孩子不是一件開心的事嗎？為什麼我的心情總是高興不起來？孩子的誕生對一個家庭來說是非常大的改變，母親的荷爾蒙改變對心情上下起伏影響更大，媽媽可能覺得自己的心情跟平常不一樣。

從小姐到母親角色的進化是非常不容易的，身體、心靈、思想及社交圈的改變，這不是乳房變形或是身上妊娠紋的改變而已，母親整個生活的改變，你自己感覺不一樣，別人對你的稱呼也不同，沒錯，從現在起你變成「媽媽」，或許你自己不知道是否已經準備好，但對別人來說你就是媽媽了，媽媽要勇敢、媽媽要照顧寶寶、媽媽要餵母奶、媽媽要會換尿布、媽媽必須要了解寶寶每次的哭聲是什麼原因，只因為從現在起你必須撐起照顧寶寶的一切，沒人問你是否有做好準備，你不能抱怨因為你就是「媽媽」。

許多新手父母在心靈上對於照顧寶寶這件事完全沒有準備，一般人會認為，準備迎接小孩就是把寶寶用品買齊，生產包準備好，看了幾本育兒的書籍，但沒想到迎接一個新生兒是多麼讓人無法想像的忙碌。成為母親是很美好的一件事，但媽媽的心情可能像雲霄飛車般的上上下下，連媽媽自己都不知道為什麼會這樣，停下來想一想，你現在的心情好嗎？

傳統坐月子的觀念或許需要調整，但整個坐月子的概念對產後恢復其實是很棒的一件事，有人可以照顧好媽媽，讓媽媽可以照顧好寶寶，在有協助、有支持的環境下，媽媽能夠漸漸踏入日常的生活。與國外沒有坐月子傳統相比，有人照顧的媽媽相對幸福許多，但當然多一個協助就多一張嘴給予建議，這可能會是個缺點，但只要不是太過分，對於別人提供的幫助，在產後讓生活恢復正常都是加分的。

產後與寶寶建立親密的關係是個非常重要的過程，從產檯肌膚接觸、寶寶的第一口奶、第一次安穩的抱著寶寶、第一次安撫哭鬧的寶寶，種種的與寶寶第一次接觸，影響著身體的荷爾蒙讓媽媽更有照顧寶寶的意願與能力。在動物的世界裡，味道影響著母親是否願意照顧寶寶的意願，如果產後把動物寶寶與母親分離，母親可能會抗拒照顧這味道不同的孩子，在動物的世界裡這有存活的關聯，母親不願意照顧的寶寶，有著被其他動物吃掉的風險。

雖然在人類的社會，新生兒不會被其他動物吃掉，但母親與寶寶的連結對於媽媽照顧寶寶的意願及耐心也有很大的影響。母親與寶寶的分離可能造成連結上的斷層。不是母親不照顧或保護寶寶、看著自己辛苦生產的新生兒還是覺得很奇妙很可愛，只是有時候會有種「這真的是我的寶寶嗎？」的感覺。與動物不同的是人類母親與寶寶的連結可以在間斷後繼續連接，只要母親多與寶寶接觸，看著可愛的寶寶就有想要把他照顧好的動力。

當母親產後心情低落時，會有種融不進去的感覺，看著圍著自己的朋友討論著自己的狀況，但內心卻總覺得自己是站在泡泡外面，朋友們的歡樂與祝福對你來說「無感」，朋友離開後你又覺得自己孤單的面對寶寶。在心情安穩的媽媽身上，寶寶的聲音可以是個開啟照顧寶寶本能的開關，但在產後憂鬱的狀況下，寶寶的反應對媽媽或許會有負面的感受，媽媽還是會照顧自己的寶寶，但總是會把寶寶的哭聲與自己無法把寶寶照顧好做連結。

產後憂鬱時，媽媽會覺得自己好像沒有自己想像的那麼愛寶寶，不能理解寶寶對你的需求，面對寶寶可能會覺得生氣，但當情況好轉後，與寶寶的關係就會變好，產後憂鬱對你與寶寶的關係可能完全沒有影響，照顧寶寶和寶寶親密的接觸可以協助母親度過心情低落的時期。

沒有一位母親是「完全」享受當母親的過程，在照顧寶寶的過程中，你會感到無趣、無聊，生活只圍繞著寶寶的固定流程進行，這些都是正常的感覺，產後憂鬱與日常生活的無趣感不同的是，這種低落的心情發生的比例比較頻繁，一週可能有三到四天會有這種感覺。並不是寶寶不乖，也不是生活疲憊，媽媽就是莫名其妙的感到憂傷，這是一種完全說不出理由的感覺，這時你可能需要協助。

五個產後憂鬱常見的表徵：

- 對事情失去興趣，不管是自己的事或是寶寶的事，感覺提不起勁，什麼都不想做。
- 容易悶悶不樂、想哭。
- 面對寶寶常常感到內疚、覺得自己不是好媽媽。
- 容易生氣、煩躁。
- 記憶力不好、無法集中精神、面對事情無法下決定。

以上的狀況在一般母親身上也是常見，但如果媽媽本身覺得自己發生的次數頻繁，尋求專業的評估與協助非常重要。媽媽們會擔心如果萬一被診斷出是產後憂鬱，就必須吃藥不能餵奶，也會擔心自己被貼上不是好母親的標籤，最擔心的是怕寶寶會被帶走。

事實是，並不是每個產後憂鬱的狀況都是需要服藥、產後憂鬱也不代表你是個不好的媽媽、通常寶寶並不會因為媽媽有產後憂鬱而被帶走。如果自己覺得有產後憂鬱的症狀，要做的是對自己的狀況認知，接受自己的感受，盡快尋求專業的協助。產後憂鬱的母親也能與寶寶有很緊密的連結，保持冷靜、傾聽自己內在的聲音，相信照顧自己寶寶最專業的人，那就是你自己！

國家圖書館出版品預行編目 (CIP) 資料

愛哺乳 / 蕭如芳作 . -- 初版 . -- 臺北市 : 新手父母 , 城邦文化出版 : 家庭傳媒城邦分公司發行 , 2018.01
面 ;　公分
ISBN 978-986-5752-64-4(平裝)
1. 母乳餵食 2. 育兒
428.3　　106024630

感謝名單

曾經有人說，寫書是有錢有閒的人在做的，不是一個需要賺錢養家的人在做的事。但做事總是秉持一股熱誠及傻勁，想做的就趕快去做。

首先要感謝的是我老公，不論我做什麼事情總是默默支持及尊重我的選擇，感謝我的孩子在媽媽忙著寫書及打拼時，你們照顧好自己。特別要講的是我家的「閃閃小超人」，雖然做家事很會閃，但關鍵時刻幫忙找資料、放林俊傑的歌讓媽媽可以專心寫書。

再來要感謝我的家人，我爸媽及妹妹一家。妹妹生產時我的書正寫到一半，好多靈感來自於家人與這新生兒的互動。尤其是親愛的小伊莎貝爾，你的生活讓阿姨可以仔細觀察且紀錄，為這本書添加許多的資訊。

感謝短時間內看完內容及百忙之中為本書寫推薦序的推薦人：毛心潔醫師、楊靜瑩醫師、陳昭惠醫師、陳安儀作家、母奶娃娃考考你的創社人柳素真、台灣母乳協會秘書長高宜伶、澳門母乳及育兒推廣協會會長，你們的母乳知識讓這本書的細節更加唯美。

感謝本書的編輯，雯琪，總是很有耐心地輕輕提醒我要記得寫書。

感謝我的照片智囊團：Colin, Emma, Isabelle, Michelle,
羅兆真、楊妙芬、小粒、蔣佳慧、李宛錞。

作　　者／蕭如芳
選　　書／陳雯琪
主　　編／陳雯琪

行銷企畫／洪沛澤
行銷經理／王維君
業務經理／羅越華
總 編 輯／林小鈴
發 行 人／何飛鵬
出　　版／新手父母出版
城邦文化事業股份有限公司
台北市中山區民生東路二段 141 號 8 樓
電話：(02) 2500-7008　傳真：(02) 2502-7676
E-mail：bwp.service@cite.com.tw
發　　行／英屬蓋曼群島商家庭傳媒股份有限公司城邦分公司
台北市中山區民生東路二段 141 號 11 樓
讀者服務專線：02-2500-7718；02-2500-7719
24 小時傳真服務：02-2500-1900；02-2500-1991
讀者服務信箱 E-mail：service@readingclub.com.tw
劃撥帳號：19863813
戶名：書虫股份有限公司

香港發行所／城邦（香港）出版集團有限公司
香港灣仔駱克道 193 號東超商業中心 1F
電話：(852) 2508-6231　傳真：(852) 2578-9337
E-mail：hkcite@biznetvigator.com
馬新發行所／城邦（馬新）出版集團 Cite(M) Sdn. Bhd. (458372 U)
11, Jalan 30D/146, Desa Tasik,
Sungai Besi, 57000 Kuala Lumpur, Malaysia.
電話：(603) 90563833　傳真：(603) 90562833

封面、版面設計／徐思文
內頁排版、插圖／徐思文
製版印刷／卡樂彩色製版印刷有限公司

2018 年 1 月 18 日 初版 1 刷　Printed in Taiwan
定價 380 元
ISBN 978-986-5752-64-4